深部高应力地层工程围岩
相互作用及其灾变机理

向　鹏　张月征　著

U0283572

中国建材工业出版社

图书在版编目（CIP）数据

深部高应力地层工程围岩相互作用及其灾变机理/
向鹏，张月征著 . --北京：中国建材工业出版社，
2022.2

ISBN 978-7-5160-3364-7

Ⅰ.①深… Ⅱ.①向…②张… Ⅲ.①矿山压力—深
部压力—冲击地压—地应力 Ⅳ.①TD324

中国版本图书馆 CIP 数据核字（2021）第 243533 号

深部高应力地层工程围岩相互作用及其灾变机理

Shenbu Gaoyingli Diceng Gongcheng Weiyan Xianghu Zuoyong jiqi Zaibian Jili

向　鹏　张月征　著

出版发行：**中国建材工业出版社**

地　　址：北京市海淀区三里河路 1 号

邮　　编：100044

经　　销：全国各地新华书店

印　　刷：北京鑫正大印刷有限公司

开　　本：710mm×1000mm　1/16

印　　张：12.25

字　　数：300 千字

版　　次：2022 年 2 月第 1 版

印　　次：2022 年 2 月第 1 次

定　　价：**68.00 元**

本社网址：**www. jccbs. com**，微信公众号：**zgjcgycbs**
请选用正版图书，采购、销售盗版图书属违法行为
版权专有，盗版必究。本社法律顾问：北京天驰君泰律师事务所，张杰律师
举报信箱：**zhangjie@tiantailaw. com**　举报电话：（010）68343948
本书如有印装质量问题，由我社市场营销部负责调换，联系电话：（010）88386906

本书研究得到了以下基金资助

国家重点研发计划课题（2016YFC0600801）

国家自然科学基金面上项目（51774021）

国家自然科学基金重点项目（51534002）

山东省重大科技创新工程（2019SDZY02、2019SDZY05）

湖北省重点实验室开放基金（2021zy003）

前　言

　　岩爆、冲击地压等动力灾害是人类活动在向地下寻求空间的过程中遇到的一种危及生命的工程地质灾害。随着我国浅部资源的逐渐消失，资源开采逐渐转向深部开采，尤其是随着重点矿区已经步入千米以下，以岩爆、冲击地压、矿震等为代表的开采动力灾害，在发生频度、规模和危害程度上都明显加剧。尽快破解深部开采中岩爆、冲击地压等动力灾害的预测、控制和综合防范等方面的科学与技术难题，实现对这类动力灾害的安全防护和有效控制迫在眉睫。

　　要实现岩爆、冲击地压、矿震等动力灾害的防控，对其发生的物理力学机制的解释不可回避。一直以来，人们多从岩体强度等力学特性来分析冲击发生的机理，但一系列工程破坏现象表明硬脆岩体与较软弱岩体均有可能发生冲击，因此，不能仅仅局限于岩石的强度等力学特性，较高的地应力可以引起岩体破坏，但并不能决定岩体破坏的模式，应该从更多的角度来深入认识岩爆和冲击地压发生的机理。

　　实际在地下工程中由于原岩缺陷或地质环境以及开采扰动等因素影响，使岩体某些部位产生缺陷，不同强度、结构，处于不同应力水平的岩体组合成一个复杂的非均质岩体系统，可以将这些岩体结构统一的以强单元结构和弱单元结构区别，岩体系统可看作是强单元结构和弱单元结构的组合系统，这种组合既可以是相对单一完整岩体（两种单元结构强度相差不大的组合），也可能是强弱差异较显著的两种完整岩体组合，甚至可能是岩体与构造单元（如节理、断层）的组合。这些不同组合在一定应力条件下，有的处于能量耗散状态，有的处于弹性能积累状态，构成了地下岩体的能量原位状态。在某一外界扰动能量作用下，不同的岩体结构可能达到不同的稳定状态，部分不稳定状态的岩体结构在相对较低的应力水平下发生破坏，可能导致整个岩体系统的失稳。尤其是在深部岩体应变能存储较高的情况下，系统失稳过程中能量转移释放是非常巨大的，易产生大的动力灾害。因此准确地识别岩体所处的原位状态，在此基础上进一步分析扰动造成的应力、能量演化特征及其相关的扰动响应特征，对岩爆、冲击地压等动力灾害分析有重大意义。

　　本书在广泛参阅前人研究成果的基础上，根据笔者在深部采矿动力灾害防控方面的研究成果与工程实践完成的，主要以深部岩体原位状态分析为基础，以应力、能量演化为主线来分析深部高应力岩体的开采扰动响应特征及其致灾机理，通过研究深部高应力条件下岩石物理力学特性变异，分析其扰动响应特征，探究高应力条件下岩石动力学灾害发生的能量机理。

本书是作者负责和参与国家重点研发计划课题"深竖井建井工程风险分析理论与优化设计方法"（编号：2016YFC0600801）、国家自然科学基金面上项目"深部高应力岩石自蓄能微观结构机理及其扰动响应特征"（编号：51774021）、国家自然科学基金重点项目"区域应力场与开采扰动的多尺度协同机制及冲击地压孕育的多场耦合机理"（编号：51534002）、山东省重大科技创新工程"深井开采远近场多维信息动态感知与冲击地压预警关键技术及装备"（编号：2019SDZY02）以及山东省重大科技创新工程"金属矿深部开采环境精细探测技术与工程风险分析方法"（编号：2019SDZY05）等课题研究成果的整理和总结。相关工作得到了纪洪广教授和由爽教授等团队成员的指导和帮助，在此致以最诚挚的谢意和最衷心的祝福；同时感谢中国建材工业出版社杨娜女士为本书的出版所做的大量工作。本书撰写过程中，参阅了大量国内外文献，在此对文献作者的辛劳与工作一并表示感谢。

本书提出的一些理论和观念是作者对于岩爆、冲击地压等岩石动力灾害发生机理和防控技术的一些思考和探讨，其中某些内容有待进行更深入的研究。由于作者水平有限，不妥之处敬请不吝指正。

作　者

2021 年 12 月

目　　录

1 深部开采动力灾害预测与防控研究现状 ································· 1

  1.1 国内外深部开采现状与开采动力灾害类型 ······················ 1

  1.2 国内外岩爆灾害研究现状 ·· 4

  1.3 国内外冲击地压灾害研究现状 ·································· 17

  1.4 岩体变形失稳能量分析研究现状 ································ 20

  1.5 组合岩体整体失稳灾变研究现状 ································ 21

  1.6 应力触发理论研究现状 ·· 23

  1.7 小结 ·· 27

2 深部高应力岩体原位状态表征及其物理力学变异特性 ·············· 28

  2.1 岩体原位状态及其表征 ·· 28

  2.2 深部地层岩体自蓄能特性 ······································ 45

  2.3 深部高应力条件下岩芯饼化特征及其力学机制 ·················· 47

  2.4 小结 ·· 73

3 高应力荷载岩石扰动响应特征试验研究 ·························· 75

  3.1 岩石单轴加卸载扰动响应特征试验 ······························ 75

  3.2 岩石三轴加卸载扰动能量响应特征试验分析 ······················ 83

  3.3 基于扰动状态理论的岩体扰动响应特征分析 ···················· 91

  3.4 小结 ·· 92

4 基于开采扰动应力状态演化的冲击危险性分析评价 ················ 94

  4.1 冲击危险性概念 ·· 94

  4.2 基于应力状态的冲击危险性评价方法 ···························· 95

  4.3 基于应力场时空变化的冲击危险性分析 ························ 103

  4.4 小结 ·· 109

5 邻近断层开采的扰动响应特征及致灾效应评价 ······ 111

   5.1 引言 ······ 111

   5.2 邻近断层开采扰动响应特征分析 ······ 111

   5.3 鲍店矿邻近断层开采扰动致灾效应分析 ······ 115

   5.4 小结 ······ 126

6 高应力岩体相互作用机制及其开采扰动致灾机制 ······ 127

   6.1 开采动力灾害震源模型 ······ 127

   6.2 破裂体能量释放影响因素 ······ 145

   6.3 释能体能量释放影响因素 ······ 148

   6.4 震源两体力-能协同作用机制 ······ 150

   6.5 巷道震源释能体的应力降特征分析 ······ 155

   6.6 震源空间尺度、应力降及冲击强度的相关性分析 ······ 160

   6.7 小结 ······ 174

参考文献 ······ 175

1 深部开采动力灾害预测与防控研究现状

1.1 国内外深部开采现状与开采动力灾害类型

1.1.1 国内外关于深部的概念

在矿业开采中，深部的范围并没有一个明确的定义。矿山是否进入深部开采，不同专家提出了不同的界定标准。通常认为，深部开采是由于矿床埋藏较深，而使生产过程出现一些在浅部矿床开采时很少遇到的技术难题的矿山开采。世界上有着深井开采历史的国家一般认为，当矿山开采深度超过 600m 即为深井开采，但对于南非、加拿大等采矿业发达的国家，矿井深度达到 800～1000m 才称为深井开采；德国将埋深超过 800～1000m 的矿井称为深井，将埋深超过 1200m 的矿井称为超深井开采；日本把深井的"临界深度"界定为 600m，而英国和波兰则将其界定为 750m。大多数专家认为我国的深部资源开采的深度可界定为：煤矿 800～500m，金属矿山 1000～2000m，何满潮等认为以工程深度为指标进行深部的定义在工程应用中具有局限性，因此他针对深部工程所处的特殊地质力学环境，通过对深部工程岩体非线性力学特点的深入研究，建立了深部工程的概念体系，提出"深部"是指随着开采深度增加，工程岩体开始出现非线性力学现象的深度及其以下的深度区间。在此概念的基础上确定了临界深度的表达式。深部工程岩体是在深部工程开挖扰动力影响范围之内的岩体。钱七虎根据对深部洞室分区破裂等特殊工程响应特征的研究，认为开始出现分区破裂现象等非线性力学特性的深度即可称为深部。谢和平等认为"深部"不是深度，而是一种力学状态，是由地应力水平、采动应力状态和围岩属性共同决定的力学状态，可以通过力学分析给出定量化表征，并提出了亚临界深度、临界深度、超临界深度等概念和定义，用于判断煤矿是否进入深部开采并给出量化指标。

1.1.2 深部开采现状

在我国，大多数重要矿产资源，都通过地下开采的方式来获得。随着浅部资源的逐渐枯竭，很多地下矿山已进入深部开采，据不完全统计，国外金属矿山开采深度超 2000m 的矿山已有 100 余座，主要集中在南非、加拿大、美国和印度等国家。在我国，开采最深的金属矿山是夹皮沟金矿（开采深度在 1600m 左右），抚顺红透山铜矿开拓深度在 1360m，原乳山金矿开拓深度 1263m，思山岭铁矿在建 1500m 竖井，目前在建和已建竖井深度超过 1000m 的已达 30 余座，可见国内许多地下金属矿床已经步入 1000～2000m 开采阶段；与此同时，煤矿开采深度超 1000m 的矿山也达到 20 余处，最深达到 1300m，煤矿开采深度以 8～12m/a 的速度增加，预计在未来 20 年我国很多煤矿也将进入到 1000～2000m 的开采深度，迫切需要解决深部资源安全开采的理论和技术难题。中国煤炭资源按深度分布的储量如图 1-1 所示。

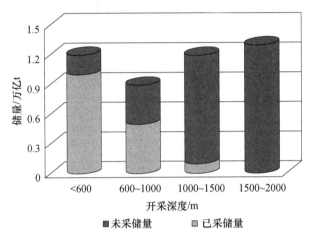

图 1-1　中国煤炭资源按深度分布的储量

1.1.3　深部的特有工程环境

　　高地应力、高地温、高渗透压以及强开挖扰动等"三高一扰动"是深部地下工程明显区别于浅埋工程的特殊环境因素。深部岩体承受自重带来的垂直应力之外还承受着较高的水平应力，其中垂直地应力分布规律较为简单，而水平地应力的变化情况则较为复杂。目前关于地应力一般认为两个水平方向地应力相等的假说，并不能客观反映出真实情况。且深部工程的垂直地应力往往超过岩体的抗压强度，而构造应力则趋于复杂，因巷道开挖而造成的应力集中更远高于围岩体强度；地温以 30℃/km 的梯度升高，岩体在高温环境下表现出的变形破坏性质完全不同于处于普通环境条件下时；而水头压力的升高，使得矿井突水灾害更为严重。鉴于我国矿山的开采现状，对以上问题的研究还处于探索阶段，许多方面才刚刚起步。

1.1.4　高地应力概念

　　国内外对高应力岩体的定义至今尚未有一个较统一的认识，在工程实践中大多将大于 20MPa 的硬质岩体内的初始应力称为高地应力。法国隧协、日本应用地质协会和苏联顿巴斯矿区等部门在勘察、设计阶段则采用岩石单轴抗压强度（R_b）和最大主应力（σ_1）的比值 R_b/σ_1（即岩石强度应力比）来划分地应力高低级别，这样划分和评价的实质是可以反映岩体承受压应力的相对能力。国外部分国家地应力分级方案见表 1-1。

表 1-1　国外部分国家地应力分级方案

地应力级别	高地应力	中地应力	低地应力
岩石强度应力比	<2	2~4	>4

陶振宇教授（1983）定性规定初始应力状态，水平初始应力分量大大地超过其上覆岩层的岩体重量称为高地应力。这一规定强调了水平地应力的作用。薛玺成等（1987）建议用实测地应力的主应力之和与重应力之和的比值作为划分标准，着重强调了构造应力的影响；《岩土工程勘察规范》（GB 50021—2001）（2009 年版）附录 2 中采用岩石强度应力比（R_b/σ_1）来划分高地应力级别，这是我国截至现在可以参考的最权威的规范标准，它规定 $R_b/\sigma_1 = 4~7$ 为高地应力；$R_b/\sigma_1 < 4$ 为超高地应力。

进入深部开采后，仅重力引起的垂直原岩应力通常就超过工程岩体的抗压强度，而开采扰动所引起的应力集中水平更是远超工程岩体的强度。深部岩体形成历史久远，留有远古构造运动的痕迹，其中存有构造应力场或残余构造应力场，二者的叠合累积为高应力，在深部岩体中形成了异常的地应力场，本书中讨论的高应力概念主要强调构造应力的作用，可称之为高构造应力。

1.1.5　深部开采动力灾害类型

矿山开采动力灾害（mining induced dynamic disaster）是由矿山开采动力过程引发的各类矿山灾害的统称，包括冲击地压、岩爆、矿震、塌方、冒顶、突水、煤与瓦斯突出等。

冲击地压指在一定条件的高地应力作用下，井巷或工作面周围的岩体由于弹性能的瞬时释放而产生破坏的矿井动力现象，常伴随有巨大的声响、岩体被抛向采掘空间和气浪等现象。岩爆和矿震是矿山冲击地压的两种主要形式，岩爆是应变能型的冲击地压，主要发生在硬岩矿山，如金属矿山；大的矿震基本上都是断层活动（错动）型冲击地压，主要发生在煤矿。

冒顶是指采场或巷道等地下空间上部部分岩体或矿体与原始岩层或矿层脱离，并在重力作用下垮塌、塌落、陷落的过程或现象。

突水是指在掘进或采矿过程中当巷道揭穿导水断裂、富水溶洞、积水老窿，大量地下水突然涌入矿山井巷的现象。

煤与瓦斯突出是指在压力作用下，破碎的煤与瓦斯由煤体内突然向采掘空间大量喷出，是另一种类型的瓦斯特殊涌出现象。

岩爆和冲击地压等伴随采矿过程发生的动力灾害因其发生地点具有"随机性"、孕育过程具有"缓慢性"、发生过程具有"突变性"，对矿山开采安全威胁极大。在深部开采过程中，随着地层中应力水平的增高，地层岩体处于强压缩状态，岩体对工程扰动更加敏感，开挖或开采扰动作用引起的动力学响应更加剧烈，诱发各种动力灾害的危险性显著增加，其中岩爆和冲击地压灾害威胁尤为突出，开采动力灾害的有效预测和防控对深部金属矿资源安全高效开采具有重要意义。

1.2 国内外岩爆灾害研究现状

1.2.1 历史概述

尽管从 20 世纪初开始就有人研究岩爆，但直到 20 世纪 70 年代第二次工业革命爆发之后，各种地下工程开始大量出现，与高地应力紧密相关的岩爆活动出现的频率也逐渐增高，岩爆作为岩石力学的一个研究方向受到广泛的关注。1977年，国际岩石力学局专门成立了一个岩爆研究小组，成员包括德国、印度、波兰、苏联、捷克斯洛伐克和法国等国的专家。该研究组收集整理了当时世界各国有关岩爆事件的详细资料和数据，并且以此为基础，编写了《1900—1977 年岩爆注释资料》。与此同时，国际岩爆与微震活动学术研讨会自 1982 年第 1 次在南非发起，先后召开了 7 次会议并出版了会议论文集。目前，国际上在岩爆方面的研究工作开展得较好的国家主要有南非、俄罗斯和挪威等欧洲国家。南非的岩爆研究工作开展得较早，成果也较为知名。早在 1908 年就成立了专门委员会研究深部岩爆问题。但由于采矿工程上的要求，研究工作的很大一部分重点被置于施工现场的监测。1953 年，南非科学和工业研究委员会组成一个专家组，开始对岩爆问题进行全面系统的研究。数年后，在东兰德矿业公司的矿山建立了一个井下地震监测网，深入研究岩爆发生的机制。苏联在 20 世纪 70～80 年代在岩爆研究方面取得了比较丰富工程经验，国内在 20 世纪 80 年代初期的很多岩爆文献，都是从苏联的各种刊物中摘取翻译过来的。我国在预测和工程防护方面都有很多值得借鉴的成果，并且也曾经对有岩爆危险的工程施工进行了一些技术上的总结。近年来，德国、俄罗斯、波兰、加拿大等国的最大开采深度早已超过1000m，考虑到采矿工程中岩爆的危险性，有学者针对有岩爆危险的矿山开采技术和结构参数优化方法、支护措施等展开研究。

在国内，1980—1988 年这一段时间是国内岩爆研究的萌芽阶段，该阶段研究文献以介绍岩爆现象、施工措施为主。对具体的灾源机理等问题，由于受到各种条件的制约，尚未有深入的认识。与此同时，以《采矿技术》为代表的一些刊物开始翻译一些国外相关论文，将外国技术和科研成果引入中国。

1989—2002 年是我国岩爆研究的早期发展阶段，在这一时期研究文献的数量得到了很快的增长，所探讨的问题涉及判据、施工技术和机理等众多方面，其中蔡美峰等针对深部开采动力灾害提出了以地应力主导的基于能量聚集和演化进行矿震、岩爆等开采动力灾害预测和防控研究的方法，谭以安等提出了分层渐近破坏理论，对后来研究有重要影响。2003—2009 年是国内岩爆研究的中期发展阶段，这一时期开始学者提出对冲击地压、岩爆和矿震这 3 个术语区别使用，确定了岩爆研究对象，并开始从动力学角度对岩爆问题进行探讨。自此，岩爆研究文献研究的角度和各种方法开始逐渐清晰。2010 年至今是岩爆研究的后期快速发展阶段，2011 年 7 月 8～9 日，中国科协在北京举行"岩爆机理探索"学术沙龙，把岩爆的机理及其预测预警作为我国岩石力学领域必须解决的关键科学问题。这一时期的国外翻译文献逐步减少，国内综述性文章逐步增多。国内大批学者对这一领域的探索研究，为岩爆灾害预测防控方面积累了大量数据资料。

1.2.2 岩爆研究的主要问题

梳理国内外有关岩爆研究的文献，可以总结出国内外岩爆研究的主要问题和方向集中体现在以下几个方面：

（1）岩爆孕育诱发机理

岩爆机理研究是揭露岩爆发生的内在规律，确定岩爆发生的原因、条件和作用，是预测预报和控制岩爆发生的理论基础，是国内外学术界和工程界的重要研究内容。

（2）岩爆的预测预报

岩爆预测预报是为岩爆防治工作确定岩爆发生的时间、地点、烈度等信息。目前岩爆预测的方法主要有两种：一种是根据先验信息和某种判据（强度、能量、综合指标等），判断工程围岩的岩爆倾向性和可能性，这一方法注重岩爆判据和准则的研究；另一种是通过现场监测采矿过程中围岩的某种参数和先兆现象（应力应变、微震、声发射、电磁辐射等），为岩爆发生的可能性和烈度进行预警和评估。

（3）岩爆的防控技术

一方面研究如何通过改变岩爆发生的内因和外因条件来防止和控制岩爆的发生；另一方面对无法避免的岩爆研究采取何种防护措施来保证生产安全。

1.2.3 国外金属矿山岩爆概况

近百年来，岩爆危害几乎遍布世界各采矿国家，德国、南非、苏联、美国、波兰、印度、加拿大、日本、澳大利亚、意大利、捷克、匈牙利、保加利亚、瑞典、挪威、新西兰、法国、比利时、荷兰、塞尔维亚、土耳其和我国等 20 多个国家和地区都记录有岩爆现象。随着开采深度的增加和采掘规模的日益扩大，岩爆的频度和强度也日益增大。

在亚洲，印度的 Kolar 曾发生过多次灾难性岩爆，目前记录最早的金属矿深井岩爆即于 1900 年发生在此，该矿 1962 年数天记录显示岩爆破坏区深度 500m，走向长度 300m，并引起里氏 5.0 级地震。印度的其他几个金矿（如 Uundydroog 金矿、Champion reef 金矿和 Mysore 金矿）也在开采过程中出现了岩爆灾害。此外，澳大利亚卡尔古利（Kalgoorlie）地区矿山岩爆灾害也比较频繁，20 世纪 80 年代之后，Mount Charlotte 矿发生过 6 次重大岩爆灾害，引发的地震震级（里氏）为 2.5～4.3 级。

在北美，首次金属矿山岩爆于 1904 年发生在美国密歇根州的亚特兰铜矿，1906 年发生的岩爆曾引起里氏 3.6 级的地震，造成铁轨弯曲，矿山停工；美国爱达荷州的 Coeurd'Alene 银矿区发生多次岩爆灾害，该矿区从 1984 年之后的 4 年中，因为岩爆受伤 23 人，死亡 6 人。另外，美国的幸运星期五矿和 Galena 矿也曾发生过较大规模的岩爆。加拿大安大略省的萨德伯里（Sudbury）和柯克兰湖（Kirkland Lake）均发生过严重的岩爆灾害，部分矿山因此而关闭，其中萨德伯里矿区铜镍矿发生的最大岩爆震级 M_L3.8 级，加拿大布伦瑞克（Brunswick）锌银铜矿 2000 年 10 月 13 日在距地表 892m 中段发生岩爆，造成支护锚杆和铁丝网产生破坏，巷道上部的岩体塌落，破碎成块状，破坏的高度达 6m。

在南美，20 世纪 90 年代开始，矿山岩爆灾害频频发生，智利的 El Teniente 铜矿 1989—1992 年先后 4 次因强烈岩爆而停产，其中最强烈的一次是 1992 年 3 月发生的岩爆，造成了上百米巷道垮落，停产时间长达 22 个月，另外南美最深的 Morro Velho 金矿由于岩爆灾害严重已经停止开采。

在非洲，南非是世界上地下开采最深的国家，南非的 Klerksdorp 矿区、WesternDeepLevels 矿区、Welkom 矿区、Verdefort 矿区和 Carletonville 矿区等开采深度都在 2000m 以上，最大开采深度已超过 4000m，自 1908 年开始其金矿开采深度进入 1000m 以下进行开采以来，岩爆一直伴随其开采活动不断发生，各矿区均产生了严重的岩爆，南非金矿是世界上发生岩爆最多的地方，仅在 1975 年，南非的 31 个金矿就发生了 680 次岩爆，造成 73 人死亡和 4800 个工班的损失。1976 年 12 月发生在南非 Welkom 城的岩爆地震震级 M_L=5.1，造成地面一栋 6 层楼房倒塌。另外，记录显示赞比亚的谦比西铜矿岩爆灾害也很严重。

在欧洲，苏联什塔戈尔铁矿自 1959 年记录岩爆 530 次，严重时爆能达 100～1000MJ，1978 年岩爆造成长 40m 的巷道内轨道翘起的幅度达到 0.7～0.8m；北乌拉尔铝土矿在 1983—1992 年十年间，全矿区各地下矿出现了 155 次破坏生产巷道动态地压，其中三次释放的能量超过了 10^8J，震中震级按 MSK-64 等级表示大约为 5 级。另外，还有德国鲁尔矿区、波兰卢宾铜矿、英国的 Boulby 矿都发生过剧烈岩爆灾害。国外金属矿山部分岩爆实例见表 1-2。

表 1-2 国外金属矿山部分岩爆实例

矿山	岩爆频发时间，深度	矿山类型	备注（资料来源）
南非 Welkom	1976 年 12 月	金矿	$M_L=5.1$
印度科拉尔矿区	1962 年，爆破坏区深度 500m，走向长度 300m	金矿	$M_L=5.0$ S. Karekal，2005
加拿大安大略州波丘潘金矿区	1963 年，岩爆频发区：1200～1800m	金矿	徐曾和，1996
加拿大安大略州萨德伯里矿区	1965 年，最底部：1980m；岩爆频发区 1200m	镍、铜矿	徐曾和，1996
加拿大 Brunswick 矿	2000 年，326 联络巷，距地表 892m	锌、银、铜矿	杨志国，1996
加拿大安大略基兰德湖区 Lake Shore 矿	1939 年，断层型岩爆，深度 630m		$M_L=4.4$ 杨志国，2016
加拿大 Saskatchewan 矿区	开采 1000m 以下	钾矿	$M_L=3.6$ Hasegawa，1989
美国幸运星期五矿区	1991 年 9 月 17 日	银铅矿	$M_L=4.1$ 李爱兵等，1999
美国爱达荷兰州克达伦铜矿区	岩爆频发区：斯塔尔矿区 1200m 附近（1967 年）加里纳矿区 1800m 附近（1967 年）	铅、锌、铜矿	徐曾和
苏联塔什塔戈里铁矿	岩爆频发区：1000m 附近（1978 年）	铁矿	郭树林，2009
苏联 Kirovsk 矿区	1989 年 4 月 16 日	磷灰石矿	$M_L=4.2$ Gibowicz，1998
波兰 Lubin 矿区	1977 年 3 月 24 日	铜矿	$M_L=4.5$ Gibowicz，1979
瑞典 Grangensberg 矿区	1974 年 8 月 30 日	铁矿	$M_L=3.2$ Bath 等，1984

1.2.4 我国金属矿山岩爆现况

从国内外矿山关于开采动力灾害的统计资料看，围岩弹性能释放引起的动力灾害事故，更多发生在煤矿中。我国的首次岩石动力灾害记录发生在辽宁抚顺胜利煤矿，当时开采深度为 200m，矿床埋深较浅。与煤矿冲击地压相比，硬岩金属矿山只有当采深足够大时才具有发生岩爆，特别是灾害性岩爆的可能。我国部分金属矿山岩爆实例见表 1-3。

表 1-3 我国部分金属矿山岩爆实例

矿山名称	目前采深/m	岩爆状况
冬瓜山铜矿	1100	发生中等岩爆
红透山铜矿	1300	发生中等岩爆
会泽铅锌矿	1500	发生中等岩爆
灵宝崟鑫金矿	1600	发生中等岩爆
玲珑金矿	1150	发生中等岩爆
二道沟金矿	900	发生中等岩爆
渣滓溪锑矿	560	发生轻微岩爆
玲南金矿	1200	发生轻微岩爆
三山岛金矿	1050	发生轻微岩爆
夹皮沟金矿	1400	潜在岩爆
凡口铅锌矿	1000	潜在岩爆
石嘴子铜矿	1022	潜在岩爆
湘西金矿	1100	潜在岩爆
金川二矿区	980	潜在岩爆

（1）冬瓜山铜矿岩爆

冬瓜山铜矿矿床位于地表以下 1000m 处的硅卡岩层中，该矿不仅埋深大，而且原岩应力高，矿体结构好，矿岩坚硬，具备了岩爆发生的基本条件。在该矿深部矿井开拓过程中，岩爆灾害时有发生：1997 年 1 月，在 −730m 中段盲措施井施工中首次出现弱岩爆现象。1999 年 3~5 月，−790m 向上斜坡道与运输巷交汇处施工期间发生岩爆，采用锚杆网支护后，锚杆被切断。同年 3 月，−850m 水平巷道侧帮顶板发生岩爆，有明显爆裂声，历时 20 余天，造成大量锚杆网支护被破坏。1999 年 5 月，−875m 水仓施工过程中，巷道直角拐弯处，顶板发生岩爆，面积为 10~15m²。

（2）红透山铜矿岩爆灾害

红透山铜矿发生的中等岩爆产生的破坏性较大，在国内硬岩金属矿山中最具代表性。该矿岩爆的表现形式主要为岩块弹射、坑道片帮、顶板冒落等。岩爆现象从采深 400m（+13m 中段）开始出现，开采深度达到 700m（−287m 中段）以后岩爆逐渐频繁起来，几乎每年都有岩爆发生。近 10 年来矿山岩爆的统计资料显示，开采深度为 1077m 的 −647m 中段是红透山铜矿岩爆发生的主要地段，有记录的岩爆约有 90% 发生在该中段，采场和采矿设备曾多次遭到破坏。如 2002 年 1 月 24 日在 647 中段 3 采区发生的岩爆，巷道出现小面积的落盘现象，崩落的岩石将铲车电缆砸断，致使装矿工作无法进行。2002 年 8 月 10 日在 647

中段 9 采区发生的岩爆，巷道顶板发生落盘，面积达 10 多平方米，采矿工作被迫停止。

（3）玲珑金矿岩爆

玲珑金矿目前开采深度约 1150m。前期的岩石力学研究表明，该矿属于高地应力地区，开采地压活动频繁。实际在 −620m、−670m、−694m 中段的开拓过程中，已出现了显著的岩爆现象，尤其在 −694 中段最为严重，在巷道施工过程中，围岩内部发出清脆的爆裂撕裂声，爆裂岩块多呈薄片、透镜状、棱板状或板状等，均具有新鲜的弧形、楔形断口和贝壳状断口，并有弹射现象。施工结束后，巷道两帮的围岩又出现片状剥落现象，剥片的延伸大致与巷道壁面平行，破裂面的岩块厚度为 0.4～9cm，剥片为中间厚度大致相等的板状岩片，向巷道侧帮内延深 0.2～1m。现场调查发现，岩爆发生多位于掌子面附近以及工程交汇处。

（4）会泽铅锌矿岩爆

云南驰宏锌锗股份有限公司会泽铅锌矿是我国一个千米深井矿山，8 号矿体目前已开采至 1261m 水平，采深超过 1000m，该深井硬岩矿山开采的基本问题要素就是高地应力、构造发育，上部的 1331～1391m 等中段具有中等-强烈岩爆倾向性，已在局部地段出现过小规模的岩爆事件，出现了严重的岩爆特征岩芯饼化和巷道肩部剥离现象。记录显示 2015 年 9 月该矿深部井巷掘进过程中发生了多次岩爆，巷道出现小面积的落盘现象，有大块岩石崩落。

（5）灵宝崟鑫金矿岩爆

灵宝黄金股份有限公司的崟鑫金矿随竖井井筒不断下掘，竖井施工深度距地表已达 1500m，自井筒深 360m（标高 880m）开始，井壁开始出现不同程度的岩爆，且随着深度增加，岩爆事件逐渐加剧，岩壁片状剥落，属张裂松脱性岩爆。

从上述岩爆发生的实况可以看出，随着金属矿开采深度的增大，高应力地压问题日益严重，岩爆频度和强度亦明显增大。目前我国金属矿山的深井开采工作刚刚起步，随着一大批矿山进入深部开采，发生岩爆的矿井数量将越来越多，岩爆规模和强度及其破坏性也将越来越大。

1.2.5 岩爆理论预测与防控

理论分析法是对地下工程中的岩体取样进行分析，利用已建立的各种岩爆判据或指标进行岩爆预测。国内外学者根据各自观测到的岩爆现象，提出了若干种岩爆机理假设，尤其是近 30 年来，神经网络、系统工程科学、非线性科学、分形学、突变和混沌等理论方法，为岩爆发生机理的研究开辟了新途径，并取得了丰富的成果。目前岩爆的机理理论主要有刚度理论、强度理论、能量理论、失稳理论、岩爆倾向性理论、断裂理论、损伤理论、分形理论、突变理论、动力学理论等。学者们根据不同的机理理论，建立一系列岩爆判别准则，如强度准则

（Russenes 判据、陶振宇判据等）、深度准则（临界埋深判据）、刚度准则、能量准则、失稳准则、结构准则、节理方向准则、岩性准则、完整性准则和综合准则等。除了这些准则外，还有岩爆综合判别方法，即将某几类影响岩爆发生的指标列出，通过某一类可以进行模式识别的算法进行分析，得出一个单一的关于岩爆发生与否及烈度的指标，这些方法采用的理论方法有模糊数学理论、灰色理论、人工神经网络、支持向量机、可拓学、集对分析法、距离判别法、数据挖掘方法 AdaBoost、AE 时间序列、属性数学理论以及模型试验法等，为岩爆预测提供了理论依据，在诸多文献中对上述理论都有较详细的阐述，但由于岩爆灾害发生形式、地点的复杂性，相关预测的理论和方法尚无统一的认识，多数还停留在理论假设或经验的阶段。

近 20 年来，北京科技大学蔡美峰院士及其团队一直致力于矿山开采动力灾害研究，在岩爆诱发机理及其预测理论和技术研究方面已经取得重要突破。早在 1995 年，蔡美峰等便进行了山东新城金矿深部岩石力学与岩爆预测研究，在国内首次提出了开采动力灾害概念，以抚顺老虎台矿、山东玲珑金矿和吉林海沟金矿为依托工程的"深部开采动力灾害预测及其危害性评价与防治研究"获 2003 年度国家科学技术进步二等奖。近年来，蔡美峰等在大量工程实践基础上总结提出了以地应力为基础基于开采扰动能量的矿山冲击地压（岩爆、矿震）机理及其预测与防控技术。该理论认为冲击地压是一种由采矿引发的动力灾害，是采矿开挖形成的扰动能量在岩体中聚集、演化和在一定诱因下突然释放的过程，这一过程是在地应力的主导下完成的。在采矿开挖活动之前，地层处于一种自然平衡的状态。采矿开挖活动打破了这种平衡状态，引起地应力向采矿开挖形成的自由空间的释放，形成"释放荷载"。正是这种"释放荷载"，才是引起采矿工程围岩变形和破坏的根本作用力（图 1-2）。具体到岩爆机理，"释放荷载"导致围岩变形和应力重分布、形成应力集中，产生扰动能量。当岩体中聚集的扰动能量达到很高水平，并且在岩体在高应力条件下出现破裂或遇到断层等情况下，能量突然释放，就产生冲击地压，岩爆和矿震正是矿山冲击地压的两种主要形式。蔡美峰提出岩爆发生的两个必要条件：一是采矿岩体必须具有贮存高应变能的能力并且在发生破坏时具有较强的冲击性；二是采场围岩必须具有形成高应力集中和高应变能聚集的应力环境。

针对金属矿岩爆，根据矿山未来的开采计划，可以定量计算出未来开采诱发扰动能量的大小、时间（开采时间）和在岩体中的空间分布状况及其随开采过程的变化规律，就可以借助地震学的知识（地震能量与震级的关系式），对未来开采诱发岩爆的发展趋势及其"时间-空间-强度"规律做出预测。在该理论指导下进行三山岛金矿未来开采诱发岩爆的趋势及其"时间-空间-强度"规律预测，现场情况与理论预测结果基本一致。

矿震由于受断层等构造影响，其开采扰动能量计算相比应变型岩爆要更加复

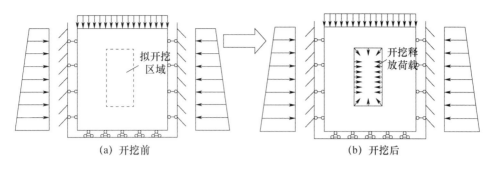

(a) 开挖前　　　　　　　　　　　　　(b) 开挖后

图 1-2　开挖释放荷载示意

杂，2000 年在"抚顺老虎台矿开采引发矿震研究"过程中，蔡美峰、纪洪广等通过对矿震灾害孕育的外围环境和力-能机理研究，提出了矿震震源体模型，将矿震震源体分为核心破裂体（岩爆体）、释能体以及周边"相关区域"，并分析了矿震灾源体与区域构造、应力环境以及矿井开采深度、开采量、开采强度等多因素之间的定量关系，建立了矿震能量释放预测的"开采扰动势"模型。开采扰动势大小与 H 深度成正比，与开采量 ΔV（体积或质量）成正比，与开采位置到邻近控制性构造的垂直距离 L 成反比。通过老虎台历年矿震记录及其与之在时间上相对应的采矿数据（H，ΔV，L）记录的系统分析，建立矿震能量和开采扰动势之间的能量关系，并采用回归等方法确定了老虎台矿由开采扰动势计算矿震能量的公式，为矿震发展趋势如震级预测提供依据。2001 年年初，根据老虎台矿未来开采到最终水平约 10 年的开采规划，得出未来开采扰动能量的定量分布，预测可得采矿诱发的最大震级为 $M_L 3.8 \sim 4.0$ 级，不久即发生该矿历史上最大的 3.7 级矿震，后来由于采取项目组提出的防控措施，没有再发生更大震级的矿震。

根据上述岩爆发生机理，提出岩爆防控的核心在于减少采矿岩体中的高应力集中和高扰动能量的聚集，可以通过选择合理的采矿方法、优化开采布局和开采顺序、改善围岩应力分布，并采取适当的支持措施，避免采矿岩体中的应力集中和过量位移，从而减小和控制开采扰动能量的聚集及其对岩层和断层的扰动作用，减轻和控制岩爆的发生。

1.2.6　岩爆现场监测预测

目前，国内外对岩爆监测常用的方法有电测法、地震法、统计法、光弹法、回弹法、水分法、岩芯饼化率法、钻屑法、流变法、气体测定法、微重力法、微震法、声发射法和电磁辐射法等。其中电测法、地震法、统计法、光弹法、回弹法、水分法、岩芯饼化率法、钻屑法和流变法九种方法与其说是监测，不如说是对于有岩爆可能的工程现场的危险性的评估，因为其无法对工程现场的岩爆灾害做出实时的监测。另外的气体测定法、微重力法、微震法、声发射法和电磁辐射法五种方法则对工程现场可以进行实时的监测和预报。此外还有学者提出大地层析成像法，地质雷达、红外线观测法等，但目前在国内尚未见到明确的应用实例。目前国内外对岩爆的预测主要是根据微震监测数据的采集和分析进行的。

（1）国外微震监测技术概况

自 20 世纪 60 年代起大规模的矿山微震研究在南非各主要金矿山展开，随后在波兰、美国、苏联、加拿大等采矿大国都先后开展了矿山地震研究，相继布设了微震监测系统，微震事件定位精度已达米级。且随着电子技术和信号处理技术的发展，多通道的微地震监测技术也开始得到应用。在微震的定位方法方面，国外学者发展了非线性算法，发明了牛顿法、Powell 法、Broyden 法、模拟退火法、遗传算法等。2000 年，Waldhauser 和 Ellsworth 提出了双差分定位法，使得定位结果比常规方法提高一个数量级，在国内外微震定位研究中得到了广泛的应用。目前国外主要的矿山微震监测系统产品有南非的 ISS 地震监测系统，澳大利亚 IMS 系统，波兰的 SOS 系统，加拿大 ESG 系统。微震监测系统已成为广泛应用的深井金属矿山安全监测的基本手段，据不完全统计，全球 20 多个主要矿业国家已安装约 150 套微震监测系统。微震技术、数字通信技术的不断升级，为地压活动研究和岩爆监测与预防提供了坚实的技术支撑。现在，南非的深部开采金矿基本上都建立了完善的岩爆监测系统，可以及时观测岩爆情况，采集岩爆数据，以便技术人员对岩体地压活动进行分析判断，并且定期提出分析报告，提出采取地压管理措施的建议。

（2）国内微震监测技术概况

目前我国矿山应用较成熟主要是微震监测系统，冬瓜山铜矿引进了南非 ISSI 公司的 ISS 地震监测系统建立冬瓜山铜矿微震监测系统，采用微震监测作为岩爆与地压监测的主要手段，实现了对冬瓜山深井开采地震活动的连续监测，已累积了一定的监测数据，并利用取得的监测数据对矿山地震活动及岩爆与地压活动进行了初步研究。

凡口铅锌矿 2004 年引进加拿大 ESG 微震监测系统，该套微震监测系统为我国矿山行业第一套多通道、全数字型微震监测系统，它的投入使用也标志着我国矿山地压灾害的监测实现了全天候、数字化和信息化。

2007 年 8 月，云南驰宏锌锗股份有限公司会泽采选厂依托会泽矿区深部 8 号矿体建立了目前我国金属矿山的第三套全天候、全数字化 24 通道微震监测系统，实现了对深井矿山微震活动 24h 连续监测。

此外，2008 年，在湖南柿竹园地下金属矿山也引进了加拿大 ESG 公司的微震监测系统，监测深部高地应力集中区进行开采作业过程中的岩爆现象。2010 年，玲珑金矿针对深部开采岩爆等动力灾害问题安装了南非 IMS 微震监测系统。红透山铜矿针对岩爆等地压灾害频发现状，建立了深部地压微震监测系统。

1.2.7 岩爆预测与防控的关键技术难题

岩爆的预测、预报与防控是一项世界级的难题。目前在岩爆诱发机理及其预测理论和技术研究方面已经取得重要突破。通过开采动力学与地震学的紧密结合，基于开采扰动能量分析，已经能够实现对金属矿开采诱发岩爆的时-空-强规律做出理论上定量化的预测；在岩爆的防控方面，无论是理论、技术，还是设备，也都取得了实质性的重要进展。当前的主要问题是岩爆的实时监测和预报还缺少成熟的技术，准确的岩爆短期和临震预报还做不到。具体体现在以下几个方面：

（1）岩爆监测的基础理论和技术设备还不完善，比如在微震震源定位等基础理论方面还缺乏系统、深入的研究。

（2）岩爆灾害的监测信息（包括应力、应变、微震、电磁辐射等）与孕灾环境和诱发条件的相关性及其临界判别准则还不是很清楚，在监测信息的分析以及基于监测信息对灾害的预测预报方面还缺乏理论依据，准确的岩爆短期和临震预报还做不到。

（3）岩爆灾害的防控技术手段单一，没有系统地建立起与高应力环境相适应的、有利于控制岩爆等动力灾害的采矿方法和工艺措施。

总的来说，岩爆的有效预测、控制与安全防护问题依旧是严重制约我国深部金属矿安全开发的关键性技术瓶颈。尽快破解金属矿深部开采岩爆预测、控制和综合防范等方面的科学与技术难题，实现对这类动力灾害的安全防护和有效控制迫在眉睫。

1.2.8 岩爆预测与防控的关键技术前瞻

岩爆能不能预报，关键在于能不能"看到"岩爆活动从孕育到发生的整个过程。一方面需要进一步深化研究岩爆孕育诱发的机理；另一方面需要依据岩爆诱发的机理，进行具有开拓性的更加深入的试验研究，开发出智能化可视化的岩爆精准探测与预报技术及设备，构建适宜的防控技术体系。

（1）研发深部矿床地应力精确测量装备和技术

从本质上来讲，岩爆、矿震等动力灾害都是采矿开挖形成的扰动能量在岩体中聚集、演化和在一定诱因下突然释放的过程，这一过程是在地应力的主导下完成的，对岩爆准确的理论预测离不开对现场地应力的精确测量，因此首先需要解决的关键技术之一就是现场地应力精确测量与反演建模技术。

基于对深部地应力场与浅部地应力场分布特征的差异性的基本认识，深入探索随深度增加地应力场从由线性岩层向非线性岩层过渡的发展规律和原位特征。由于以岩体线弹性假设为前提的当前地应力测量理论在深部岩体地应力测量中将产生较大偏差，因此有必要在现有地应力测量理论基础上发展基于岩体非线性特征的测量理论，并在此理论指导下考虑深部岩体高应力、高温度条件下应力-应变非线性和强度非线性特征及应力损伤发展规律，对现有空心包体应变计地应力测量法进行改进，使应变仪在测量的精确性、便捷性、稳定性、长期性方面的性能有极大提高，实现空心包体应变计数字化，从而对深部岩体应力进行实时、准确、长期监测，发展适合深部岩体地应力测量的新理论、新方法。

（2）发展大规模高效高精度的地应力计算技术

现场实测法是提供初始地应力数据最直接、有效的途径，但由于场地和经费等的限制，不可能进行大量的测量；而地应力成因复杂，影响因素众多，各测点的测量成果往往仅能反映局部的应力状况，所以，必须在地应力实测的基础上，结合现场地质构造条件，采用有效的数值计算方法，对地应力场进行精细反演分析，以获得较大范围的区域地应力场。

通过多点地应力现场实测，获得深部三维地应力状态的空间分布规律，研究确定包括构造运动、自重引力、岩层构造、温度变化等影响地应力分布的主要因素以及地应力场与岩体结构的关系等。在此基础上，基于数字全景钻孔探测系统和大地磁法连续剖面成像系统等对区域地质构造环境的精细探测成果，结合最新的大规模并行计算技术，综合采用人工智能、数理统计、数值模拟、位移反演、边界荷载反演等方法，考虑深部岩体的非线性条件，探索构建矿区三维地应力场的反演算法，并依据现场多点地应力实测数据，反演重构建立矿区三维地应力场模型。

（3）探索深部开采扰动能量聚集和演化的动力学过程与规律

岩爆、矿震等动力灾害都是开采扰动能量大量聚集、突然释放的过程，因此需要对开采扰动能量在岩体中聚集和演化的动力学过程进行深入研究。针对深部矿山高地应力、高地温、高渗透压、强开挖扰动等特性对能量场孕育过程和聚集条件的影响开展研究，分析并确定不同地质条件及不同工程环境下的能量场分布特性，探索地应力场与能量场之间的转化机制，揭示开采扰动的动力学过程和能量场演化规律，建立开采扰动能量场的时空四维动态分布模型。

尤其是对于构造型岩爆，其孕育、诱发与区域地质条件、构造条件密切相关，应从开采扰动作用与区域应力场的耦合效应及其演化分析入手，通过开采扰动作用下区域应力效应及其主导下的多场因素的变化过程监测和分析，获得开采扰动作用下不同尺度区域内地层应力-应变及相关场参数的变化，获取开采扰动作用与区域应力场耦合作用下不同尺度范围内地层岩体"力链结构"机制以及应力、能量、孔隙水压力等因素的变化特征与协同机制，揭示岩爆等动力灾害灾源孕育过程的力-能传递机制、聚集机理和诱发机理，从而寻求"事前"征兆和预警特征，为岩爆预测提供。

（4）构建智能化可视化的岩爆精准监测与预警体系

准确的岩爆短期和临震预报离不开现场监测，现有的监测体系尚不能满足岩爆的精准预报。需要在上述理论研究基础上，探索对开采扰动能量聚集、演化和释放动力过程进行测量的方法，监测深部开采过程中岩体能量聚集、演化、岩体破裂、损伤和能量动力释放的过程，为岩爆的实时预测预报提供依据。

现有的应力、应变、微震、声发射、电磁辐射、3GSM（三维数字图像扫描）不接触测量等监测方式都是反映开采扰动能量积聚和释放的一种手段，因此要对现有监测理论技术进行更深入的研究，同时还要结合当前科学技术发展的前沿，应用多学科交叉思维，创造性地将当前新的技术和理论应用于岩爆预测，具体来讲主要体现在以下几个方面：

1）高精度微震监测和定位技术

在矿震、岩爆等动力灾害的监测技术方面，采用的方法有多种。其中，基于震动效应监测的方法，包括微震法、声发射法被认为是最有前途的方法。该方法监测由岩体内部发生的破裂、破坏等动力过程的能量释放效应而导致的地震动，不仅可以测定岩爆、矿震事件的位置和出现的时间，而且可以测定所释放的能量和相关震动参量。其中微震监测已成为国外矿山动力地压灾害监测和安全生产管理的主要手段。尽管微震技术已逐渐被广泛地应用于矿山动力灾害的预报预测，但至今能够成功预测岩爆灾害的实例不多见，仍然存在定位精度低和预报可靠性差的问题，对微震时空分布的精确考察，是研究岩爆灾害的瓶颈，因此岩爆高精度观测和定位技术是今后研究的基础和关键。

2）应力-应变高精度动态监测技术

近年来，在地震研究方面，提高深部地层地应力测试精度的同时，研究和开发高精度的相对应力监测技术在世界范围内都被列入地震学研究的前沿课题。目前，钻孔应变监测方法的精度已经达到了 10^{-10} 级，可以实现岩体应变固体潮汐的准确测量。在地震前兆监测方面，我国学者通过钻孔应变观测，已经观测到汶川地震前期，区域性地应力所呈现出的明显变化和超前异常特征。

因此，现代地应力测量和相对应力监测技术的发展，使得通过区域应力-应变观测来获得开采过程中，开采扰动区域及周边区域内地层岩体中的应力-应变及相关物理场的变化成为可能。针对岩爆灾害的预测和预警问题，可以通过开采扰动区域内深部岩体的应力-应变动态监测，获得开采扰动作用下不同尺度区域内地层应力-应变及相关场参数的变化，通过分析开采扰动对采场范围及其以外更大"相关区域"内的应力-应变效应及其控制下的多场效应，探求开采扰动作用下冲击地压灾源体状态变化与周边区域钻孔应变效应、孔隙水压力效应、地温变化等变化之间的相关性，揭示岩爆孕育过程和诱发前的异常响应特征及超前响应模式。

3）多级、多维信息联合监测技术

微震、声发射、压力等岩爆监测手段的统一力学基础在于开采扰动能量的积聚与释放，微震观测的尺度为千米级，即能实现对整个矿区的大尺度监测，但由于金属采空区多，地层不连续等诸多因素影响，其灾源定位精度不够；而压力、位移以及声发射监测由于人力物力及自身技术的限制，一般只在采场尺度（10～20m）的范围内发挥监测作用，且在此范围内定位精度相对较高，基于以上各种监测方式的技术特点，可以在矿山构建微震、声发射和压力等监测方式的多级、多维联合监测网络，将采场结构分析、开采过程分析和监测结果分析相结合，克服了定位不准、测试误差大、信号解释不清等难题，实现从矿区级监测、采场尺度监测、巷道尺度及灾源目标的多尺度监测的统一。

4）大数据分析预测技术及平台

岩爆监测数据是科学数据，科学数据也是大数据的内容之一，在互联网时代对岩爆等地质动力灾害的监测发生了巨大变化，相关监测呈网络化、信息化趋势，大量的监测数据得以远程传递、集中与共享。大数据思维将改变我们对岩爆监测数据的认识和理解：

①大数据让岩爆预测不再热衷于寻找因果关系，大数据时代预测将以密集观测和多样本分析为基础，极有可能发现哪些岩爆前兆与岩爆有真正的关系，因此，在大数据的背景下，相关关系会促进岩爆预测水平，提高岩爆预测的可靠性。

②大数据促进部门间、地区间、国际观测数据融合，加速数据实时分析，提升短临预测价值。

③大数据时代更需要高密度综合观测，让我们看到更多以前无法被关注到的细节，提高我们的洞察力。

④大数据改变岩爆监测预报方式方法，以往的有些数据模型、参数计算方法、前兆异常认识需重新修正，从而获得更精准的答案。

目前大数据战略思维在开采动力灾害预测领域还未有得到充分应用，缺少有效汇集、存储海量数据的大数据技术，来实现数据集中分析和深度挖掘，未来需要为岩爆等动力灾害监测预报大数据实现做好准备：

①决策管理层推动大数据平台建设，培养数据分析科学家。

②发展低成本高密度监测网络。岩爆的准确预测要建立在空间和时间的高密度观测基础上，因此需要加密现有的监测网，构建高密集度的监测网络体系，拓展数据资源；要想空间大密度布设观测仪器，必须成本低，免维护，因此低成本高密度监测体系是未来一个重要研究方向；为了获得更广泛的数据，考虑到经济成本，甚至可以牺牲一定的观测精度，从而可以看到更多以前无法被关注到的细节。当然，提升仪器时间密度，获得高采样率数据也同样重要，可以观察到一些本可能被错过的变化。

③运用大规模科学计算技术来分析复杂应力场的分布，整合开采过程中应力、应变、微震、声发射、电磁辐射、热辐射等所有数据，实现数据共享，进行多信息综合分析，并加强不同矿山、甚至不同行业间的数据交换和新技术应用。

④挖掘与岩爆有关的现象，研究高密度观测下岩爆参数计算方法，创建大数据下岩爆预测新理论，结合最新的矿山数字化技术，实现岩爆预测的精细化、智能化、可视化。

（5）研究有利于控制岩爆等动力灾害的采矿方法和工艺措施

深部高地应力引起的岩爆严重威胁人员和设备安全，岩爆发生机理在于开采扰动能量的积聚和释放，因此一方面可以通过传统的采矿方法和工艺的变革，研究和采用与高应力环境相适应的、有利于减小和控制开采扰动能量积聚和释放的采矿方法和工艺措施，从而实现深井矿床安全、经济、高效开采。传统的采矿方法和工艺对深部岩体扰动强烈，不利于岩爆等动力灾害防控，未来应该发展非传统的采矿方法和工艺，本着少扰动的原则，着重智能化、精细化开采。比如诱导致裂落矿连续采矿技术、精细化溶浸采矿技术、智能机器人采矿技术等。

（6）研发能够有效吸收能量、抵抗冲击的支护技术

现有的支护对巷道掘进和服务期间发生的岩爆没有很好的防治作用，根本原因在于支护材料不能有效吸收围岩变形能，抵抗冲击荷载。应该研究能够在围岩冲击下快速吸收冲击能并稳定地变形的支护体系，从而防止支护体系失效与巷道破坏。一方面研发快速吸能抗冲击的材料；另一方面结合地下采矿实际构建能有效吸能的工程结构体系。

1.3　国内外冲击地压灾害研究现状

1.3.1　冲击地压的分类

国内外学者从不同的角度提出了不同的冲击地压分类方法。如按发生位置将冲击地压分为煤层冲击地压、顶板冲击地压和底板冲击地压；按冲击压力来源将其分为重力型、构造型和重力-构造型；按冲击能大小将其分为微冲击、弱冲击、中等冲击、强冲击和灾难性冲击等；Rice 等根据煤岩材料的受载类型和破坏形式将其分为静载引起的应力型冲击失稳和动载引起的震动型冲击失稳；佩图霍夫从冲击地压与工作面的位置关系出发将其分为两类：一是工作面附近的由采掘活动直接引起的冲击地压；另一类是远离工作面由于矿区或井田内大区域范围的应力重分布引起的冲击地压。潘一山等提出将冲击地压分为煤体压缩型冲击地压、顶板断裂型冲击地压和断层错动型冲击地压 3 种基本类型；何满潮等为了突出煤岩冲击失稳的本源和主要影响因素，通过分析煤岩冲击失稳的能量聚积和转化特征，将冲击地压分为单一能量诱发型和复合能量转化诱发型两类，其中单一能量型包括固体能量诱发型、气体能量诱发型、液体能量诱发型、顶板垮落能量诱发型和构造能量诱发型。也有很多学者根据煤岩体冲击失稳物理特征将冲击地压分为 3 类：①岩爆型冲击地压，是指在高应力作用下，煤岩材料发生弹射、爆炸式的破坏；②顶板垮落型冲击地压，上覆厚且坚硬的顶板悬伸在矿柱上，达到一定

跨度折断或垮落时对矿柱形成压力波，引起矿柱煤体的瞬时破坏；③构造型冲击地压，构造应力作用下，煤岩体发生突然的失稳冲击。姜耀东等根据应力状态导致煤岩体的突然失稳破坏的本质对冲击地压分为 3 类：材料失稳型冲击地压、滑移错动型冲击地压和结构失稳型冲击地压。

1.3.2 冲击地压机理研究现状

对煤岩体冲击地压的研究，国内外曾提出了多种理论。按现代力学观点来看，煤岩体冲击地压理论主要有以下几种：

（1）强度理论：强度理论认为煤岩体破坏的原因，实际上是煤岩体的强度问题，并从经验统计得到冲击地压与地应力及岩体强度的近似规律。

（2）刚度理论：刚度理论最早由 И. M. Iietyxob 提出，如果峰值强度后岩石的刚度大于压力机的刚度，则储存在压力机岩石系统的能量将大于峰值强度后岩石所做的功，岩石将会发生不可控制的猛烈破坏，即发生冲击地压。N. G. W. Cook 等将岩石试样在强度极限附近发生突然破坏的刚度条件作为矿柱发生冲击地压的条件，当矿体刚度大于围岩刚度则发生冲击地压。

（3）能量理论：能量理论认为冲击地压发生时所需能量不仅与破坏岩体有关，还与围岩有关。冲击地压发生后，原有岩体-围岩系统的平衡状态被打破，转变为新的平衡状态，因而提出岩体-围岩系统的力学平衡状态被打破时，若其释放的能量大于所消耗的能量则发生冲击地压。

（4）冲击倾向理论：不同的煤层发生冲击地压的强弱程度各不相同。针对这一事实国内外许多学者提出了煤岩体的冲击倾向理论，该理论认为当煤岩体的冲击倾向度 K_E 大于其临界值 K_C 时，就会发生冲击地压。国内外已提出的衡量煤岩体冲击倾向的指标概括起来主要表现在煤岩体的能量、破坏时间、变形大小和刚度四个方面。

（5）三准则理论：该理论是我国学者在总结了强度理论、能量理论和冲击倾向理论之后所提出来的。其基本观点是将上述三种理论结合起来，并且认为强度准则是煤岩体的破坏准则，而能量准则和冲击倾向准则是煤岩体突然破坏准则，只有当三个准则同时满足时，才能发生冲击地压。

（6）变形系统的失稳理论：煤岩体变形系统失稳理论提出了煤岩体系统发生冲击地压的失稳判据，即：

$$\delta_\pi = 0 \text{ 和 } \delta_\pi^2 < 0 \tag{1-1}$$

式中 π 为煤岩系统的总势能泛函；δ_π 为总势能泛函 π 的变分。

式（1-1）揭示了冲击地压是由于采掘空间中煤岩体结构稳定性不够而发生的失稳破坏过程。

（7）突变理论：突变理论主要从建立煤岩体的尖点突变模型（Cuspmodel）出发，对影响煤岩体的主要控制因素，即顶底板压力、刚度和煤岩的损伤扩展耗散能量的定量分析，来定性地解释发生冲击地压的机理。

（8）分形理论：分形理论是利用分形几何学（Fractal Geometry）的方法来研究冲击地压发生的机理和预测预报手段，主要对冲击地压和岩爆的分形特征及微震活动的时空变化的分形特征进行了试验研究。这一理论目前的主要研究成果是，在冲击地压和岩爆发生前，微震活动均匀地分布在高应力区，这时分形维数值较高，而临近冲击地压发生时，微震活动集聚，其分形维数值较低，也即分形维数值随岩石微断裂的增多而减小，最低的分形维数值则出现在临近冲击地压发生时。

近年来，Vardoulakis、Dyskin、黄庆享、缪协兴、张晓春等以断裂力学、损伤力学和稳定性理论为基础，对围岩近表面裂纹的扩散规律、能量耗散和局部围岩稳定性进行研究。此外，纪洪广等提出开采扰动势理论，潘一山、齐庆新等提出冲击地压的黏滑准则。窦林名、何学秋等建立了煤岩冲击破坏的弹塑脆性体突变模型。

1.3.3　冲击地压的监测预报

目前常用的冲击地压监测方法主要有钻屑法、电磁辐射、声发射、微震监测等采矿地球物理方法；还有经验类比分析方法如综合指数法等。钻屑法是通过在煤体中打小直径钻孔，根据排出的煤粉量及其变化规律以及钻孔过程中出现的动力现象鉴别冲击危险的一种方法。钻屑法设备简单，检测结果直观，便于现场操作和判别，但施工消耗人力多，施工时间长，且易受施工环境和条件制约，监测范围小。电磁辐射信息综合反映了冲击矿压等煤岩灾害动力现象的主要因素，可反映煤岩体破坏的程度和快慢，主要记录电磁辐射信号强度幅值和脉冲次数，故可用电磁辐射法进行冲击矿压预测预报。该技术采用非接触监测方式，使用简单方便，但其监测范围有限；且如何去除现场干扰因素和环境影响条件是急需解决的关键问题。岩石在应力作用下发生破坏，并产生微震和声发射。基于震动效应监测的方法，包括微震法、声发射法被认为是最有前途的方法。声发射法是以脉冲形式记录弱的、低能量的地音现象。地音变化与煤体应力变化过程相似，地音活动集中在采区某一部位，且地音事件的强度逐渐增加时，预示着冲击矿压危险，该技术同样易受施工环境和条件的制约影响。微震监测系统的主要功能是能对全矿范围进行矿震和冲击危险监测，是一种区域性监测方法；可自动记录矿震活动，实时进行震源定位和矿震能量计算，为评价全矿范围内的冲击矿压和强矿震危险提供依据。但微震监测作为一种事后监测手段，要实现对冲击灾害的及时准确预报还有很长的距离。综合指数法是在进行采掘工作前，在分析影响冲击发生的主要地质和开采技术因素的基础上，确定各因素对冲击矿压的影响程度及其冲击危险指数，然后综合评定冲击危险状态的一种早期区域预测方法。数值模拟法可以模拟工作面应力分布状态，也可评价开采空间、开采参数、开采历史等对冲击矿压、矿震危险性的影响，可作为一种近似方法划分冲击矿压、矿震危险区域，但不能即时预测。此外，冯夏庭等建立了矿震系统的胞映射突变预测模型。尹祥础将加卸载响应比理论用于矿震预测。蔡美峰、蒋金泉等分别将神经网络、混沌预测等引入矿震和冲击矿压的预测研究中。

1.4 岩体变形失稳能量分析研究现状

煤岩体在变形破坏过程中应力-应变状态是十分复杂的，在某种意义上具有不确定性，因此，简单的以应力或应变大小作为破坏判据是不合适的。我们很难确定一个能够准确反映煤岩强度的临界值，通常称为煤岩强度的离散性。实际上，煤岩体的破坏归根结底是能量驱动下的一种状态失稳现象，因此，从能量的角度研究煤岩变形破坏过程，有可能会比较真实地反映其破坏规律。迄今为止，已有不少学者从能量的观点出发研究煤岩体在动态荷载作用下的力学行为特点，并取得了一些有价值的研究成果。

赵阳升等发现岩体动力破坏实际释放的能量远大于诱发能量，较详细论证了岩体非均质、各向异性、应力状态不同，其破坏方式和消耗能量也有差异，以此提出了岩体动力破坏的最小能量原理。华安增等试验研究了岩石屈服破坏过程中的能量变化，进而分析了地下工程开挖过程中的能量变化，认为在分析地下工程周围岩体的冲击现象时，只需分析被抛掷岩体本身的能量，除此之外无须寻找别的能量源。秦四清分析了岩体的动力失稳过程，论述了岩体变形失稳过程中耗散结构形成的宏观与微观条件及形成机制，明确指出岩体变形失稳是一种耗散结构。彭瑞东用耗散结构理论分析了岩石的变形破坏过程，描述了岩石变形破坏中耗散结构的形成过程，认为岩石的变形、破坏、灾变是一种能量耗散的不可逆过程，包含能量耗散和能量释放。岩体总体灾变实质上是能量耗散和能量释放的全过程，而灾变瞬间以能量释放作为主要动力。刘镇等运用耗散结构理论，分析了隧道变形失稳的能量耗散过程与演化特征，结合热力学基本定律，研究了整个隧道系统的能量耗散机制，建立了隧道变形失稳的能量演化模型，并提出了其失稳破坏的能量判据。谢和平、鞠杨等认为，岩石在变形破坏过程中始终不断地与外界交换着物质和能量，这实际上就是一个能量耗散的损伤演化过程。岩石变形破坏是能量耗散与能量释放综合作用的结果。能量耗散使岩石产生损伤，并导致岩性劣化和强度丧失；能量释放则是引发岩石整体突然破坏的内在原因。他认为，从力学角度而言，岩石的变形破坏过程实际上就是一个从局部耗散到局部破坏最终到整体灾变的过程；从热力学上看，这一变形、破坏、灾变过程是一种能量耗散的不可逆过程，包含能量耗散和能量释放。赵忠虎推导了岩石变形中能量的传递方程，试验研究了能量的转化和平衡，以及耗散能和释放能之间的比例关系。他认为能量耗散导致岩石强度的降低，而能量释放是造成岩石灾变破坏的真正原因；从能量耗散与释放的观点研究岩石的破坏，可以从本质上把握岩石变形和破坏的物理机理，寻找岩石破坏的真正原因。

姜耀东认为煤矿冲击地压是煤岩体系统在变形过程中的一个稳定态积聚能量、非稳定态释放能量的非线性动力学过程，建立了煤岩体非线性失稳耗散结构模型，揭示了煤岩失稳破坏过程中内部能量积聚、转移、耗散和释放的规律。邹德蕴、姜福兴应用能量传递原理和能量守恒定律，结合对岩体性状组织损伤弱化的分析，提出了煤岩体冲击效应理论并导出了冲击效应方程，结合冲击效应学说与能量方程论述了冲击地压的形成机理。姚精明等从细观和宏观两个角度分析了煤岩体发生冲击地压时的能量耗散特征，得出煤岩体裂纹尖端拉应力过大而失稳扩展是冲击地压发生的根本原因，认为降低煤体裂纹尖端拉应力和弹性模量是防治冲击地压的有效途径。章梦涛等提出了一个以动力失稳过程判别准则和普遍的能量非稳定平衡判别准则为基础的煤岩冲击失稳数学模型，并对冲击地压和煤与瓦斯突出问题进行初步计算。另外，唐春安、潘一山、潘岳等从能量的角度分析了断层冲击地压及煤柱型冲击地压问题，计算了煤岩体系统冲击失稳时的能量释放量。

1.5 组合岩体整体失稳灾变研究现状

地质构造、煤层顶底板岩性组合及煤层厚度及其变化、矿井水文地质以及开采扰动等都是影响冲击灾害的因素，但大量事故表明，冲击灾害大多是若干工程地质体组成的力学系统整体灾变失稳的结果。在浅部环境下，煤岩体的破坏主要受其自身裂隙结构面的控制；而在深部高应力条件下，煤岩体的破坏不仅受自身裂隙结构面的影响，更重要的是受到煤岩组合体整体结构的影响，很多矿山灾害表现出煤岩整体破坏失稳现象。国内外目前对于组合系统的研究主要集中在以下几个方面。

1.5.1 对于组合煤岩冲击倾向性的测试研究

对于纯煤、岩试样的冲击倾向性测试研究国内学者做了大量的工作，建立了一系列试验方法和评价指标。以纯煤、顶底板岩石试样作为研究对象对冲击矿压发生的机理进行研究，无法全面地揭示冲击矿压的本质，且没有考虑到顶板、煤体和底板三者之间的相互作用机制对煤体冲击强度的影响。将煤岩体看作一个系统来分析冲击矿压发生是很有必要的，基于此，国内外学者开展了一系列研究工作，如李纪青等研究了单一煤模型及煤岩组合体模型的冲击倾向性，得出了煤岩组合模型的冲击倾向性指标均高于单一煤模型，并建议采用组合模型来评价煤岩冲击倾向性。刘波等通过单轴试验研究了不同高度比的煤岩组合体的力学性质与动态破坏特性。王淑坤和张万斌通过煤岩复合模型试验证明了顶板厚度及结构特征对煤层冲击是有影响的，厚层砂岩顶板易发生冲击矿压，岩层越厚，冲击矿压的强度越强。万志军等发现顶板岩石对煤层冲击有一定的影响，且顶板厚度越大，对煤层冲击影响越大。潘结南等发现煤系岩石的冲击倾向性与其物质成分有密切关系，随着岩石的强度和刚性增强，岩石的冲击倾向性增加。曲华等通过数值模拟研究了组合煤岩试样的冲击倾向性，发现组合煤岩与纯煤的冲击倾向性不同，煤岩系统冲击倾向性随顶板强度会发生明显变化。李晓璐等运用 FLAC 3D 对煤-岩组合体冲击倾向性进行三维数值试验研究，分析了煤-岩体不同的组合模式对冲击倾向性的影响。宋录生、赵善坤等研究不同顶板特性如高度、强度、均质度及接触面角度对"顶板-煤层"结构体冲击倾向性的影响。牟宗龙等研究了岩-煤-岩组合体破坏特征及冲击倾向性，提出了以煤体峰值后刚度和岩石卸载刚度为基本参量的组合体稳定破坏和失稳破坏的判别条件，采用岩-煤-岩组合体破坏过程中顶底板释放和煤体消耗的能量之比参数，作为煤岩组合条件下的冲击倾向性评价指标。

1.5.2 对于组合体破裂失稳机理的研究

I. M. Petukhov 和 A. M. Linkov 在研究岩石材料峰后稳定性时，分析了两体系统和"顶底板-煤体"系统的稳定性问题。陈忠辉、唐春安等利用试验和数值模拟研究了串联组合体的应力-应变曲线及声发射特性。林鹏等利用两体模型，分析了两岩体相互作用系统的失稳过程，并解释了变形局部化、弹性回弹等现象。潘岳等推导了两体系统动力失稳前兆阶段的准静态形变平衡方程和两体系统动力失稳的折迭突变模型。刘建新等用两体相互作用理论和 RFPA 2D 系统对煤岩组合模型变形与破裂过程进行了理论和数值试验研究。王学滨采用拉格朗日元法模拟了煤岩两体模型的破坏过程、岩石高度对模型及煤体全程应力-应变曲线、煤体变形速率、煤体破坏模式及剪切应变增量分布的影响。齐庆新组合煤岩试验研究指出组合煤岩试块与单一煤岩试块的应力-应变关系具有明显的差异，如变形减小、破坏剧烈和弹性特征更显著等。邓绪彪采用 FLAC 3D 软件应变软化模型呈现了两体结构冲击失稳过程中的弹性回跳和应变局部化现象，得出强度差异是发生冲击失稳破坏的必要条件，硬体变形模量的增加使其冲击能量减弱，增加界面强度可以减缓两体结构的冲击性，冲击失稳只在一定的高径比范围内发生等结论。左建平等对煤岩组合体进行单轴和三轴压缩试验，获得不同应力条件下煤岩单体及组合体的破坏模式和力学行为，发现单轴条件下煤岩组合体的破坏以劈裂破坏为主，而煤体内部发生的破坏由于裂纹的高速扩展有可能贯通到岩石中去，从而导致岩石的破坏，并且煤岩组合体破坏后几乎完全丧失承载能力，在三轴试验中，煤岩组合体的破坏以剪切破坏为主，但破坏后还有残余强度。谢和平等基于工程体和地质体的相互作用提出了两体力学模型，并就混凝土坝体和岩石坝基两体相互作用的破坏机制进行了初步探讨。刘少虹等研究了动静加载下组合煤岩应力波传播机制与能量耗散特征，建立了一维动静加载下煤岩组合系统的破坏判据、突跳位移以及释放总能量的数学表达式，提出一维动静载下煤岩组合系统的非线性动力学模型。刘杰等通过试验分析了岩石强度对于组合试样力学行为及声发射特性的影响，提出随着岩石强度的升高，组合试样从屈服到达峰值的速度越来越快，组合试样峰值应力处声发射信号能量值和脉冲值随岩石强度的增加呈线性升高。

1.5.3 对于组合体破裂过程中声、电等信号特征分析

窦林名等研究坚硬顶板-煤体-底板所构成的组合煤岩变形破裂电磁辐射规律，并由此来对冲击矿压的危险性进行评价和预测预报。陆菜平等通过组合煤岩试样的试验研究发现，当顶板与煤层厚度比值大于 0.75 时，随着煤样强度、顶板岩样强度及其厚度的增加，组合试样的冲击倾向性随之增强。赵毅鑫等研究了煤岩组合体变形破坏前兆信息，总结了煤、岩体在不同组合模式下受压破坏过程中能量集聚与释放规律。

总之，国内外学者对煤体或岩体单体破坏做了很多研究，对于煤岩体组合体的研究主要集中在单轴试验研究，但从震源模型机制和能量耗散角度去分析两体组合系统还鲜见报道。

1.6 应力触发理论研究现状

1.6.1 应力触发理论的概念

应力触发是一个在地震学和地球物理方面的一个重要概念。大部分地震发生后伴随着大量余震或后续破裂事件。这些余震或后续破裂事件与主震有何关系、通过何种方式相互作用、究竟在哪里发生、延迟时间有多长。虽然随着数字地震资料的使用，地震震源理论有了很大的发展，但这些问题仍是国际地震界争论的焦点之一。所谓地震"应力触发"，是指前面地震产生的应力变化张量投影到后续地震的断层面和滑动方向上，考虑到正应力、孔隙压力和摩擦系数的影响得到库仑破裂应力变化 $\Delta\sigma_f$。若库仑破裂应力变化方向与后续地震断层滑动方向一致，即库仑应力变化为正，前面地震产生的应力变化促使断层破裂，则地震可能被触发，地震危险增大；反之，负库仑破裂应力变化抑制断层的破裂，发生地震的可能性降低，此区域称为"应力影区"。1997 年 3 月 21 日～22 日，南加利福尼亚地震中心（SCEC）和美国地质调查局（USGS）组织了"应力触发、应力影区及与地震危险性关系"的研讨班，议题为地震之间的相互作用。这个研讨班加速了对地震间"应力触发"理论和应用的研究。

1.6.2 应力触发理论的力学原理

首先需要了解一个概念：库仑破裂应力。库仑认为，趋于使一平面产生破坏的剪应力：受到材料的内聚应力 S（内聚强度或剪切强度）和乘以常数的平面法

向应力 σ_n（膨胀为正）及孔隙压力的抵抗，即平面中的抗剪强度是：$S-\kappa(\sigma_n-p_r)$。其中，κ 为材料的内摩擦系数的常数，p_r 为地壳内部孔隙流体产生的作用在该平面上的张应力。因此，τ 越趋近于 $S-\kappa(\sigma_n-p_r)$，材料越容易破裂。我们运用库仑破裂假设，可以定义描述该物体趋近破裂程度的库仑破裂应力（σ_f）为：

$$\sigma_f=|\tau|-[S-\kappa(\sigma_n+p_r)] \tag{1-2}$$

式中，$|\tau|$ 为地震破裂面上剪切应力的大小。精确确定地下应力张量是很难的，因此，通常定义库仑破裂应力变化。如果 κ 和 S 不随时间变化，根据式（1-2）库仑应力变化定义为：

$$\Delta\sigma_f=\Delta|\tau|+\kappa(\Delta\sigma_n+\Delta p_r) \tag{1-3}$$

导致地壳库仑破裂应力变化的原因很多，如固体潮、爆破、火山喷发、板块运动等。式（1-3）中的 $\Delta|\tau|$、$\Delta\sigma_n$ 为这些事件产生的应力变化张量在断层面上的投影，Δp_r 为这些事件导致的孔隙流体压力变化。

注意，式（1-3）右边第一项隐含地假定破裂面为各向同性。若已确定后续地震断层的滑动方向，则可将剪切应力变化投影到滑动方向上，此时，第一项为 $\Delta\tau_{rake}$，表示滑动方向上的剪切应力变化。

为了简化孔隙压力变化的影响，假定介质为各向同性均匀介质，则产生静态应力变化之后、流体自由流动之前，流体压力变化和膨胀应力变化有如下关系：

$$\Delta p_r=\frac{\beta'\Delta\sigma_{kk}}{3} \tag{1-4}$$

式中，β' 为依赖于岩石体膨胀系数和流体所占体积比例的常数（Rice，Cleary，1976）。其取值范围为以 0.471，但人们常用的取值范围为 $0.7\sim1$，$\Delta\sigma_{kk}$ 为应力变化张量的对角元素之和。

如果假定断层处比周围岩石更具有延展性，则 $\sigma_{xx}=\sigma_{yy}=\sigma_{zz}$，$\Delta\sigma_{kk}/3=\Delta\sigma_n$，并假定，$\mu'=\kappa(1+\beta')$，可以得到：

$$\Delta\sigma_f=\Delta|\tau|+\mu'\Delta\sigma_n \tag{1-5}$$

这就是文献中常见的库仑破裂应力变化的描述。μ' 称为视摩擦系数，包括了孔隙流体和断层面上的介质特性。严格说来，虽然 μ' 可以解释为瞬时孔隙流体行为，但在某些情况下，比如 Rice 的模型中，就不是这样。比较式（1-3）～式（1-5）可以得到：

$$\mu'=\left(1+\frac{\beta'\Delta\sigma_{kk}}{3\sigma_n}\right) \tag{1-6}$$

在一般文献中，常忽略孔隙流体行为的细节，而将 μ' 看成常数。

不同的研究者取的视摩擦系数也有很大不同。Deng 和 Sykes 在计算地震产生的静态库仑应力对后续地震的影响时指出，μ' 在 $0\sim0.6$ 取值均可得到较好的"应力触发"效应。Gross 和 B. Urgmann 运用不同的方法估计 μ' 值，发现采用较低的值比较合适。Stein、King、Troise、Astiz 等在研究地震静态应力触发问题时取 μ' 值为 0.4。Ziv 和 Rubin 在研究地震静态应力触发是否存在更低的阈值时取 μ' 值为 0.6。Robinson 和 McGinty 在研究新西兰的 Authur 山口地震的余震分布与主震产生的应力场之间的关系时，取 μ' 值为 0.75。Seeber 和 Armbruster 研究兰德斯地震序列时发现 $\mu'=0.8$ 可以使兰德斯地震促使余震破裂与抑制余震破裂数目比例达到最大。Kagan 和 Jackson 运用哈佛矩心矩张量目录和南加利福尼亚的强震目录得到的视摩擦系数为零。Parsons 等指出，对于不同类型的断层视摩擦系数应分别取值。Stein 指出主断层上的视摩擦系数较低（$\leqslant 0.2$），而小断层上的视摩擦系数较高（$\geqslant 0.8$）；还有一些人提出，μ' 可能由于孔隙流体的迁移而在震后随时间变化。因此，计算库仑破裂应力变化，μ' 值的大小要根据当地的其他资料（例如，热状态、流体观测结果，所研究断层的大小等）确定。将 μ' 取为常数，并假定后续地震断层面的几何参数和滑动方向已知，则库仑破裂应力变化可表示为：

$$\Delta\sigma_f = \Delta\tau_{rake} + \mu'\Delta\sigma_n \tag{1-7}$$

式中，$\Delta\tau_{rake}$ 为被触发地震断层面和滑动方向上的静态剪切应力变化。

1.6.3 应力触发理论的研究现状

近年来，提出了各种模型计算地震产生的库仑破裂应力变化对后续地震的影响。地震应力触发的计算结果也分布在世界的不同地区。特别需要说明的是，1999 年 8 月 17 日，土耳其的伊兹米特地区发生强烈地震，而在此地震发生之前，Stein 和 Nalbant 通过计算几十年内地震产生的库仑破裂应力变化就得出，此地区一直处于库仑破裂应力增加较大的地区，并指出此地区是地震危险性较高的地区。这件事在国际地震界产生了很大的轰动，促使地震学家重视地震产生的库仑破裂应力变化的问题。

地震产生的静态应力变化估算由来已久，在 20 世纪 60～80 年代就有一些早期的研究成果。近年来，研究天然地震产生的静态应力变化对后续地震序列时间和位置影响的工作也已遍布世界范围，如非洲东北部的 Asal Rift、智利、意大利、日本、沿着 Macquare 海岭、墨西哥、新西兰、土耳其、美国的加利福尼亚和内华达、中国等都有大量专家学者针对应力触发问题做了大量研究工作，像日本的 Okada、Yoshioka、Pollitz；美国的 Smith、Stein、Rybcki；中国的黄福明、王廷锡、傅征祥、刘桂萍、万永革、石耀霖等。

在"静态库仑应力触发"余震的研究中，许多研究者采用主震的弹性位错模型，计算库仑应力增量并检查后续地震相对于库仑破裂应力增量的空间分布。Das 和 Scholz 发现，1968 年 4 月 9 日加利福尼亚 Borrego Moutain 地震的大部分余震分布在断层面及断层两边与断层走向垂直的方向上，呈十字形。1975 年海城地震以及 1979 年 3 月 15 日的 Homestead Valley 地震以及 1972 年尼加拉瓜的

Managua 地震的余震也是这种分布。这种分布与主震产生的静态应力变化一致，Troise 等利用 Okada 给出的计算断层滑动产生的静态应变变化的解析表达式计算了亚平宁山脉（意大利）的几个地震导致的静态库仑应力变化，得出地震的每一个余震事件都连续地被前面的破裂事件所"触发"。Hardebeck 等定量估计了1992 年 Landers M_s7.3 地震和 1994 年 Northridge 从 6.7 地震对余震的"触发"情况，结果表明：对 Landers 地震，在距离主震断层 5～75km 的范围内，85% 的余震事件与"静态应力触发模型"一致。但对 Northridge 地震的余震分布，"静态应力触发模型"不能成功地解释。他们推测为构造体系、区域应力水平和断层强度在这两个地震断层上可能不同。Toda 等计算了神户地震主震附近单位体积内最佳破裂面上的库仑破裂应力变化，发现与地震活动速率变化有很好的对应关系。Pauchet 等研究了法国 Pyrenees 东部 Algy massif 1996 年 2 月 18 日 M_L5.2 地震之后的余震活动，发现大部分余震集中在库仑破裂应力增加大于 0.2MPa 的区域内。Toda 和 Stein 研究了南极板块 1998 年 3 月 52 日 M_w8.1 地震对余震的"触发"情况，指出余震位置处库仑破裂应力变化的典型值为 0.1～0.2MPa。Seeber 和 Armbruster 研究了 Landers 地震之后的地震活动性，发现地震"触发"余震具有 95% 的置信度，他们还用最大触发准则来求解断层面上的滑动分布，得出的滑动分布与其他资料（地形变资料、波形资料）得出的滑动分布基本一致。Robinson 和 Meginty 根据他们得出的地下应力状态研究了 Authur 山口地震产生的余震分布，发现在远离断层面处，正库仑应力变化与地震活动性增加有很好的相关性，他们采用的滑动在断层面上的分布模型为随远离断层中心而线性减少的滑动分布模型。Wang 运用弹性半空间位错模型计算了台湾集集主震（M_s=7.3）产生的库仑破裂应力变化，发现逆冲带的大部分余震与主震在逆冲断层上产生的库仑破裂应力变化有关，车龙甫断层两端的走滑运动也可能被静态应力转移作用所加强。刘桂萍和傅征祥研究了唐山地震之后的地震活动性，也得出了主震之后的地震活动性与库仑应力变化相关的结论。

在地震"触发"另一次地震的研究中，Deng 和 Sykes 通过研究南加利福尼亚地区 1812 年以来地震产生的库仑破裂应力变化得出：95% 的 $M \geqslant 6$ 的地震均发生在库仑应力变化驱使断层破裂的地区，1932—1995 年，85% 的 $M \geqslant 5$ 地震发生在正库仑应力变化区。Stein 等研究了北安纳托利亚断层（土耳其）自 1929—1993 年间的 10 个 $M \geqslant 6.7$ 地震的应力转移情况，计算得到 9 个地震在库仑破裂应力变化"驱使"下发生，库仑破裂应力变化的典型值为 0.1～1MPa，相当于 3～30 年的长期应力加载效果：在将应力转移转化为发震概率时，给定 1999 年发生大地震的伊兹米特地区存在 12% 的发震概率。Nalbant 等也研究了土耳其西北地区和北爱琴海地区的 29 个 $M_s \geqslant 6$ 的地震，发现 16 个地震与前面地震产生的库仑应力变化有关系，并给定伊兹米特为未来可能发生地震的地区，结果伊兹米特在 1999 年果真发生了大地震。由于单独由地震产生的静态库仑应力变化数值太小，以上计算均考虑了地形变对断层的加载过程。Mikumo 等计算了 1985 年墨西哥 Michoacan M_w8.1 逆冲地震在其上方的 1997 年垂直正断层 M_w7.1 地震断层面上产生的库仑应力变化，发现 1997 年地震发生在 1985 年地震的最大同震应力增加区，其动态破裂图式也与计算的应力相互作用模式一致。傅征祥和刘桂萍计算了 1920 年 12 月 26 日宁夏海原大地震（M_s=8.5）在 1927 年 5 月 23 日甘肃古浪大地震（M_s=8.0）断层面和滑动方向上产生的静态库仑应力变化，大小为 0.01MPa 的数量级，从而得出古浪大地震可能被海原大地震"触发"，提前 6 年或 20 年发生的结论。Robinson 和 MeGinty 计算得到 1994 年 Authur 山口地震在 1995 年 Cass 地震破裂面上产生的库仑破裂应力变化大于 0.05MPa，说明 Authur 山口地震对 Cass 地震有一定的"触发"作用。Papadimitriou 等计算了 1999 年 8 月 17 日 M_w7.4 Izmit 地震产生的库仑破裂应力变化，发现 1999 年 9 月 20 日 M_w5.8 地震和 1999 年 11 月 12 日 M_w7.2 地震均发生在 8 月 17 日地震产生的库仑破裂应力变化为正的区域。

应力触发在地震分析方面应用很广泛，但将此应用于矿山矿震和冲击地压分析的国内外鲜见。

1.7 小结

本章综述了深部开采动力灾害的主要类型及其研究的历史和主要内容，分析了国内外典型动力灾害现况以及岩爆预测与防控技术研究进展，并提出我国岩爆等动力灾害预测与防控技术未来的研究方向：一方面需要进一步深化研究孕育诱发的机理；另一方面需要依据诱发机理，进行具有开拓性的更加深入的试验研究，开发出智能化可视化的灾害精准探测与预报技术及设备，构建适宜的防控技术体系，从而实现对开采动力灾害（岩爆）的有效预测和防控，为深部矿资源安全高效开采提供技术保障。

2 深部高应力岩体原位状态表征及其物理力学变异特性

"深部岩体"是相对于一般浅表岩体而言的，强调的是深部岩体赋存的物理地质环境及其在此环境中岩体所具有特殊力学性质。深部岩体常处于"三高"的复杂力学环境，高地应力必将引起岩体力学性质和变形行为的改变，从而造成开采扰动过程中的响应特征的变化，岩体系统原位状态的复杂性，造成开挖扰动响应的复杂性、多变性和多可能性，扰动响应特征与其原位状态密切相关。研究深部岩石力学问题首先需要认识岩体原始应力场等原位状态信息，明确构造应力场等因素对深部开采的影响和引发工程灾害的致灾机理，只有在此基础上来分析开采扰动响应及其灾变特征才是符合工程实际要求的。

2.1 岩体原位状态及其表征

在某一条件下，系统的性质如果不随时间变化，那么其状态可认为是确定的，表征系统状态的一系列的物理量称为状态函数。系统状态的宏观性质由状态函数来表征和确定。常见状态函数有温度、压力、体积、密度、能量、形态等。焓、内能、自由能、吉布斯函数、熵等都是常见的热力学状态函数。工程岩体是一种在漫长的地质历史中经过岩石演化循环，完成成岩、构造变形和次生蜕化从而具有现今面貌的地质体，是一种自然产物，一个阶段的岩土物质也是下一个阶段演化的起点，某一阶段的稳态演变需要经历的地质时代是漫长的。岩体在其形成的地质历史过程中，经受了变形以及破坏，具有一定物质成分和结构并赋存在特定的地质环境中。就物质成分和结构来说，工程岩体是含有固-气-液的三相介质，岩土体的骨架由其固相决定，构成基本物质成分；地下水、石油、各种溶液等流体构成其液相，是多场耦合关系中最活跃的成分；固相和液相之外的空间往往被气相占据，如空气、天然气、煤矿瓦斯等。就其赋存的地质环境来说，有四个主要的地质环境因素：地应力、地下水、温度以及化学环境，这四者之间是相互联系、相互作用和相互制约的关系，从而产生了应力场、温度场、渗流场及溶质运移场等多场耦合效应，如一方面地下水通过长期对岩石及其结构面充填物的水岩作用，使得岩体的力学性能发生降低；同时岩体的应力场状态又受地下水产生的动水压力和静水压力作用发生改变。岩石变形、强度以及破坏特征也受温度的影响；与此同时，岩体内不同位置的温度差和温度变化，又会引起应力（温度应力）应力状态的改变。在人类工程经济活动之前，岩体在各相和多场的相互作用下处于相对的稳态平衡，这种开挖前岩体所处的自然状态即为初始状态，也称原位状态，为了论述方便，本书统一采用原位状态概念。工程岩体是一个多场、多相、多状态的复杂地质体，其原位状态主要通过状态函数来表征，常见的工程岩体状态函数主要有能量、应力、温度、熵等。

2.1.1 岩体原位状态的应力场及其表征

根据上面分析要准确全面地表征岩体所处的原位状态，需要对各个状态函数进行分析，这是非常复杂和困难的，对于具体的某一工程，往往根据工程特征来选取其中的某一种或几种状态函数来进行研究分析。渗流场和温度场对岩体的作用可分为物理化学作用和力学作用，前者引起岩体物理、力学性质发生变化，后者导致岩体应力场的改变，二者均可用岩体物理力学性质和应力场变化表征。故此可认为应力场是主要的岩体环境场，特别是不进行应力场、渗流场、温度场等多场的耦合分析时。对深部矿床岩体开采冲击灾害研究来说，对其原位状态的分析主要是指对其初始应力的分析。

工程岩体应力场的直接来源是初始应力场，工程岩体应力场分布特征主要由初始应力场决定。初始应力场通过叠加工程作用力而不断发展演化形成了工程岩体应力场，其基本规律的演化受初始应力场影响并制约。岩体的力学特征及力学属性由初始应力场决定，而且初始应力越高，由开挖造成的应力和应变能释放相对越大，工程岩体扰动损伤就越大。岩体初始应力是时间和空间的函数，可以用场的概念反映。岩体原位状态的应力即是初始地应力场，它的组成十分复杂，成因也非常复杂，与自重应力、构造应力、自转离心力、天体引潮力、热应力、水压力等地球动力运动有关，是一个受多种因素相互作用与影响的复杂系统。根据工程特征，主要选取以下几类应力场进行分析。

（1）自重应力场及其表征

重力应力场是由地块上覆岩体重力在各深度处产生的应力场，它对原始地应力有较大贡献。它由地心引力引起，它所引起的岩石应力分量为垂直应力S_v，如果岩石密度变量为$\rho(z)$，垂直应力可以通过以下公式计算：

$$\sigma_z = g\int_0^z \rho(z)\mathrm{d}z$$

在地表的边界条件为：$z=0$，$\sigma_z=0$，引起的二水平正应力为：

$$\sigma_x = \sigma_y = \frac{\nu}{1-\nu}\sigma_z$$

式中，ν为泊松比，在地壳浅层σ_z引起的σ_x、σ_y小于σ_z，在长期构造运送中，深部岩体蠕变，泊松比近于0.5，则重力应力成为各向均等的静水压力。可以看出该应力场某一深度的水平分布与地表地形、上覆岩层密度的水平分布以及上覆岩层铅直厚度有关，上覆岩层深度、密度和岩体结构决定着其铅直分布。重力随着深度线性增加，自重应力在某一深度后可能会达到一个较高的值。

陆坤权等根据"万物皆流"观念指出在自重压强亿万年长期作用下，地壳原始岩石中垂直应力和水平应力必然相同，不存在差应力，这与实验室岩石围压实验情况有本质区别。可用图 2-1（a）中直线同时表示 $\sigma_s(h)$ 和 $\sigma_n(h)$ 与深度 h 的关系，与岩石处于弹性还是塑性状态无关；图 2-1（b）表示等应力面的形状，大致与地表形状相似。在南非、加拿大、日本和德国深井中实测地壳岩石的应力数据表明，所获得的垂直应力基本是 $\rho g h$ 关系，而水平方向应力并非与垂直应力相同，分析其由两方面原因造成：一是测量得到的并非是原始岩石中的应力，而是实时地壳岩石中的应力，其中水平方向应力数据包含了附加构造力作用和断层活动的影响，这种影响在各处岩石中不会相同。另一方面，任何钻孔测量均会改变岩石原始应力状态，导致垂直于重力方向的应力的释放，岩石发生形变，或局部破裂。有时钻孔过程可观察到岩石爆裂和所取岩芯层状断裂，应是这类应力释放的表现。在岩石和断层泥中重力引起的应力分布不同，断层边界应力较低，是地层中应力分布的突变区域。

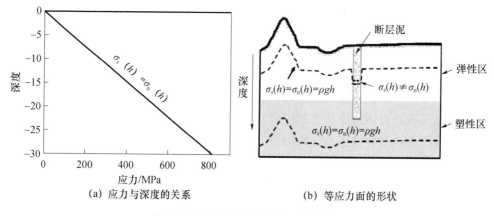

（a）应力与深度的关系   （b）等应力面的形状

图 2-1　地壳原始岩石层中应力分布

（2）构造应力场及其表征

1）构造应力的成因

地质力学说强调构造应力的来源是地球自转速度变化，大地构造学认为构造应力的产生是地球收缩、扩张、脉动、对流而引起的。侵蚀卸荷说认为在侵蚀卸荷作用过程中，造成水平应力比垂直应力高的原因是垂直应力比水平应力减少量要多得多。板块学说根据板块理论和对地球物理测试资料分析认为，地壳内构造应力产生的主要原因是板块边界作用力和与负载有关的地表地形起伏引起的应力。在板块边界的作用的作用力有三种可能：一是洋脊的推力；二是板块牵引力；三是海沟的吸引力。关于构造应力成因的解释目前有很多种，如断块学说、大火成岩省学说、槽台学说等，这些学说具有各自的优缺点，用某一种学说来全面解释构造应力的形成原因是十分困难的，有学者认为 21 世纪是"后板块时代"，应该构建能兼容解释各种构造应力形成原因的大地构造和地球动力学更高层次的理论。

2）构造应力场的特征

①构造应力场是势场

一个构造区域中每一点都有一定的应力作用着，这一应力的大小和方向可以用各点位置和时间的函数表示，这一函数是有限、单值、可微函数，此种空间中的应力展布，称为构造应力场。岩体中一点应力可用二阶对称张量表示，因此构造应力场是种张量场。岩体中 $P(x, y, z)$ 点应力张量为：

$$\vec{S} = \begin{bmatrix} \sigma_x & \tau_{yx} & \tau_{zx} \\ \tau_{xy} & \sigma_y & \tau_{zy} \\ \tau_{xz} & \tau_{yx} & \sigma_z \end{bmatrix} \tag{2-1}$$

可表示为坐标轴向三个应力向量：

$$\vec{S_x} = \sigma_x \vec{i} + \tau_{yx} \vec{j} + \tau_{zx} \vec{k} \tag{2-2}$$

$$\vec{S_y} = \tau_{xy} \vec{i} + \sigma_y \vec{j} + \tau_{zy} \vec{k} \tag{2-3}$$

$$\vec{S_y} = \tau_{xz} \vec{i} + \tau_{yx} \vec{j} + \sigma_z \vec{k} \tag{2-4}$$

其和向量 $\vec{S}$ 为：

$$\vec{S} = \vec{S_x} + \vec{S_y} + \vec{S_z} = (\sigma_x + \tau_{xy} + \tau_{xz}) \vec{i} + (\tau_{yx} + \sigma_y + \tau_{yx}) \vec{j} + (\tau_{zx} + \tau_{zy} + \sigma_z) \vec{k} \tag{2-5}$$

岩体中 $P(x, y, z)$ 点的位移 d_r 在坐标轴上的三个应力分量为 d_x，d_y，d_z，则位移向量：

$$d_r = d_x \vec{i} + d_y \vec{j} + d_z \vec{k} \tag{2-6}$$

二式数性积，为：

$$\vec{S} \cdot d_r = (\sigma_x + \tau_{xy} + \tau_{xz}) d_x + (\tau_{yx} + \sigma_y + \tau_{yx}) d_y + (\tau_{zx} + \tau_{zy} + \sigma_z) d_z \tag{2-7}$$

令：$S_x = (\sigma_x + \tau_{xy} + \tau_{xz})$，$S_y = (\tau_{yx} + \sigma_y + \tau_{yx})$，$S_z = (\tau_{zx} + \tau_{zy} + \sigma_z)$

则：$\vec{S} \cdot d_r = S_x d_x + S_y d_y + S_z d_z$

此为某一函数 ψ 的全微分，则有：

$$-d_\psi = \frac{\partial \psi}{\partial x} \mathrm{d}x + \frac{\partial \psi}{\partial y} \mathrm{d}y + \frac{\partial \psi}{\partial z} \mathrm{d}z \tag{2-8}$$

两式相加有：

$$\left(S_x + \frac{\partial \psi}{\partial x}\right) \mathrm{d}x + \left(S_y + \frac{\partial \psi}{\partial y}\right) \mathrm{d}y + \left(S_z + \frac{\partial \psi}{\partial z}\right) \mathrm{d}z = 0 \tag{2-9}$$

因为 x，y，z 为独立变量，因此上式中 d_x，d_y，d_z 前系数必须为零，因此：

$$S_x = -\frac{\partial \psi}{\partial x}, \quad S_y = -\frac{\partial \psi}{\partial y}, \quad S_z = -\frac{\partial \psi}{\partial z}$$

根据剪应力互等有：$S_x \vec{i} + S_y \vec{j} + S_z \vec{j} = \vec{S_x} + \vec{S_y} + \vec{S_z} = \vec{S}$

从而有：

$$\vec{S} = -\frac{\partial \psi}{\partial x}\vec{i} - \frac{\partial \psi}{\partial y}\vec{j} - \frac{\partial \psi}{\partial z}\vec{k} = grid\psi \qquad (2\text{-}10)$$

则 ψ 为应力场中应力 S 的势，故此，构造应力场是势场。

构造应力场场强的值等于等势面的梯度值，因为：

$$grid\psi = \frac{\partial \psi}{\partial n}\vec{n} \qquad (2\text{-}11)$$

n 为指向势增加方向的等势面法线，此梯度是势的增加速度，而且 $S//n$。可知场中各点应力向量 S 的方向垂直给点的等势面，指向势降方向。因而场中线上各点的切向与点的应力向量 S 方向一致的曲线为应力线，应力线与等势面正交。

构造应力场是势场，具有以下特性：

a. 构造应力场所做之功等于岩体中质点运动的始点和终点势能之差，只与质点所经路线的始点和终点位置有关，而与质点所经过的途径与路线形状无关。

b. 各应力场叠加时的叠加应力势为各分量应力势的代数和，还是一个势场。因此，构造应力场适合叠加和抵消原理，同向同性应力相加，同向异性应力抵消。

②构造应力场是非独立场

岩体受外力作用产生的应力场，是以波的形式按有限速度从岩体的一部分传至另外一部分，过程中应力场作用于岩体，岩体又作用于应力场，因而应力场的传播和分布必然取决于岩体力学性质，影响岩体力学性质的物化环境、受力状态和组织结构等因素也是影响应力场的因素。

应力在传播过程中，岩体要依次经过应力作用的循环、变形和断裂，由于克服内摩擦和塑性变形功的消耗而不断衰减。应力所做的应变功就是各体积元变形功 dV 的总和：

$$\iiint W\,\mathrm{d}V = \iiint \left(\int_0^{e_s} \sigma_s \,\mathrm{d}e_s + \frac{1}{2}K\vartheta^2 \right)\mathrm{D}V \qquad (2\text{-}12)$$

式中，σ_s、e_s 为应力强度和应变强度，可见应力场做功的衰减量相当可观，并取决于岩体力学性质，因此，岩体力学性质、构造变形和断裂对其中的应力场时空的分布而言，构造应力场是非独立场。

③构造应力场为不稳定场

构造应力场在形成力源和作用过程中的变化，如地球自转角速度、岩体构造变形和断裂活动及应力松弛造成的应力消减等，必将使其在强弱、方向和分布上均随时间的延长不断转变着，使得场中各点应力的大小和方向成为坐标和时间的函数。因此，构造应力场是不稳定场。

④构造应力场还是变形应力场

在地壳应力场中，有体积应力分量，$\sigma = \sigma_x = \sigma_y = \sigma_z$，可用球应力张量表示：

$$S=\begin{bmatrix} \sigma & 0 & 0 \\ 0 & \sigma & 0 \\ 0 & 0 & \sigma \end{bmatrix} \tag{2-13}$$

变形应力分量可用偏应力张量表示为：

$$[\delta]=\begin{bmatrix} \sigma_x-\sigma & \tau_{yx} & \tau_{zx} \\ \tau_{xy} & \sigma_y-\sigma & \tau_{zy} \\ \tau_{xz} & \tau_{yx} & \sigma_z-\sigma \end{bmatrix} \tag{2-14}$$

由于球应力张量只造成岩体体积压缩，不改变其形状，也不引起断裂，是体变应力场，不是构造应力场的组成部分，应力场偏张量场是全应力场减去球张量场，能造成岩体形状的改变，并引起断裂，是变形应力场。因为构造应力场是造成地壳岩体构造变形和断裂的应力场，因此构造应力场是变形应力场。体变应力场影响岩体力学性质，为岩体变形和断裂过程中重要物理条件，称之为围压，它也影响构造应力强弱、方向和分布形式，又由于其影响孔隙率因而造成空隙压力变化，直接影响岩体中的有效应力。

安欧等通过上述的理论分析总结出构造应力场的特征，即构造应力场在空间上按势分布，存在上具有独立性，在时间上具有不稳定性，而在类型上是变形力。

3）构造应力场的影响因素

关于影响构造应力场因素的研究，世界各国都在进行，但研究获得的结果有一定的差别。影响构造应力的因素较多，主要因素如下：

①地质构造形态；

②地块的边界条件；

③体力；

④地形；

⑤岩体性质。

总之，构造应力的影响因素是多种多样的，影响程度在每种因素间也不同，同时上述因素对构造应力的影响往往并不是独立的，而是同时存在着，只不过在不同情况下各因素的重要性有所不同而已。

4）构造应力分布基本规律

①全球构造应力场的分布规律

研究表明，在时间上和空间上全球应力场与大区域的地应力场表现为相对稳定的非稳定场，小区域如工程岩体的初始应力场的分布特征和规律明显受制于大区域应力场，具有不均匀性。构造应力分布的基本特点为：a. 水平应力为构造应力主要表现形式；b. 分布较不均匀，主应力大小、方向在构造附近变化十分剧烈；c. 水平应力值通常在两个方向不相等，方向性明显；d. 在坚硬岩层中比较普遍，因为岩层坚硬，其强度相对较大，积聚弹性能大。

地应力分布有一定的规律，通常来说垂直应力会随深度增加而呈线性增长

（图 2-1），且大致与覆岩自重相等，构造应力场分布基本规律如下：

a. 水平应力要普遍地比垂直应力大；

b. 随深度增加平均水平应力与垂直应力比值在减小。二者比值分布如图 2-2 所示，两者比值的变化范围随着深度增加而逐渐减小。深度不超过 1000m 时，二者比值为 0.4～3.5，呈较分散分布状态；深度超过 1000m 时，二者比值趋近为 1，这说明静水压力状态将有可能在地壳深部出现。

霍克和布朗根据图 2-2 中的数据回归得到了随深度 H 变化的 σ_{av}/σ_v 取值范围：

$$\frac{100}{H}+0.3 \leqslant \sigma_{av}/\sigma_v \leqslant \frac{1500}{H}+0.5$$

目前，800～1000m 深度是我国煤矿开采的主要分布深度，少数矿井达到 1200～1300m，按平均深度 1000m 的计算，水平应力与垂直应力之比为 0.4～2.0，二者比值在构造区域会更大，构造应力十分显著。世界上各国实测地应力如图 2-2 所示。

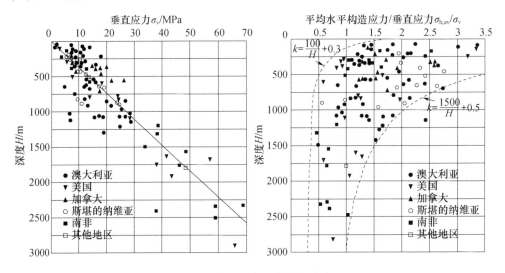

图 2-2　世界上各国实测地应力

c. 与垂直应力相比，虽然都随深度增加呈线性增长关系，但水平应力回归方程中往往有较大的常数项，反映了水平应力在地壳浅部比较显著的事实。

d. 一般 $\sigma_{h,max}$、$\sigma_{h,min}$ 相差比较大。二者比值为 0.2～0.8，大多数情况下 0.4～0.8。两个水平主应力比值统计见表 2-1。

表 2-1　两个水平主应力比值统计

测量地点	数目统计值	$\sigma_{h,min}/\sigma_{h,max}$ /%			
		1.0～0.75	0.75～0.50	0.50～0.25	0.25～0
斯堪的纳维亚等地	51	14	67	13	6

测量地点	数目统计值	$\sigma_{h,min}/\sigma_{h,max}/\%$			
		1.0～0.75	0.75～0.50	0.50～0.25	0.25～0
北美地区	222	22	46	23	9
中国	25	12	56	24	8
中国华北地区	18	6	61	22	11

陆坤权等指出在古老的原始岩石中自重应力作用下 $\sigma_s(h) = \sigma_n(h)$，不存在差应力。差应力主要是由相对年轻的作用力——大地构造力引起，构造力作为附加的外力作用于原始地壳岩石层，与自重应力一起构成现今的应力场，并提出大地构造作用力通过岩块滞滑移动以力链形式传播，构造作用力链传递方向前方若遇到某些地质因素引起的阻挡，会使岩块滞滑移动减缓，甚至停止，这种情况下构造作用力会逐渐积累并增大。岩块所受到的横向构造作用推力随深度从上向下逐渐增大，使岩块下部受到更大的作用力，深部相对于浅层岩石所受构造作用力影响更大。

②国内煤矿矿区构造应力场分布特点

目前，我国煤矿多数矿区进行了地应力测量，兖州矿区构造应力实测结果见表 2-2，我国煤矿井田地应力的实测资料分析表明，绝大多数情况下，垂直应力要比最大水平应力小，尤其是在构造比较发育的区域，将会产生更加显著的构造应力。虽然地应力有随着地层深度的增加而进入静水压力状态的趋势，但实测资料表明，在深度 1000～1500m 范围内开采，水平应力仍然是主导，同一矿区构造应力的方向大致是相同的。深部岩层的压力随其深度增加而迅速增长，尤其显著的是构造应力的增长，并且两个水平构造应力的差值变化越来越大。对于采深较大的矿区，都应该具有构造应力测量数据，这对预测及防治巷道冲击动力破坏具有重要意义。兖州矿区构造应力实测结果见表 2-2。部分其他矿区构造应力实测结果见表 2-3。

表 2-2 兖州矿区构造应力实测结果

测点位置	深度/m	最大主应力数值/MPa	方向/(°)	倾角/(°)	最小主应力数值/MPa	方向/(°)	倾角/(°)	垂直应力/MPa
东滩煤矿	600	18.7	50	14	11.2	317	10	12.19
东滩煤矿	667	23.5	43	27	13.2	167	48	15.3
东滩煤矿	556	17.9	92	12	10.4	187	16	13.3
东滩煤矿	616	20.1	96	21.8	5.8	181	13.7	15.2
东滩煤矿	590	18.9	86	11.5	9.9	175	10.4	14.22
济宁二号煤矿	571	22.3	82	13	8.9	168	23	16.08

测点位置	深度/m	最大主应力数值/MPa	方向/(°)	倾角/(°)	最小主应力数值/MPa	方向/(°)	倾角/(°)	垂直应力/MPa
济宁二号煤矿	685	21.9	98	13.2	8.2	189	5.9	15.69
济宁二号煤矿	759	27	97	7	9.8	176	28	18.2
鲍店煤矿	496	24.2	114	8	9.5	14	11	10.62
鲍店煤矿	339	23	97	18	8.1	193	14	9.52
鲍店煤矿	398	16.4	108	14.4	5.3	211	29	11.59
鲍店煤矿	472	15.6	130	17.6	8.6	217	24	11.76
南屯煤矿	390	15.8	116	12	6.6	351	52	7.1
南屯煤矿	450	18.2	97	1	6.9	6	8	11.7
兴隆庄煤矿	475	11	114	12	6.8	194	7	9.96
兴隆庄煤矿	395	15.3	123	15	7.9	232	49	10.72
兴隆庄煤矿	495	14.2	125	2	6.5	216	27	9.7
兴隆庄煤矿	460	13.6	120	11	1.4	280	37	8.94
兴隆庄煤矿	430	9.8	117	11.4	1.6	40	11	8.14
兴隆庄煤矿	600	18.7	50	14	11.2	317	10	12.19
济宁三号煤矿	455	15.3	123	16	3.8	75	51	13.82
济宁三号煤矿	575	18.1	114	12	5.3	346	49	13.02
济宁三号煤矿	671	19.5	116	11.6	8.4	156	52	16

表 2-3 部分其他矿区构造应力实测结果

矿名	深度/m	主应力	应力值/MPa	方位角/(°)	倾角/(°)	τ_{max}/MPa
大通一矿	364	σ_1	12.05	325	−14.5	3.110
		σ_2	7.5	310	75	
		σ_3	5.83	54	3.7	
大通三矿	360	σ_1	12.36	324.9	3.2	2.995
		σ_2	6.91	164.8	86.6	
		σ_3	6.37	55	1.1	
大通五矿	352	σ_1	12.95	330.7	0.5	2.905
		σ_2	7.29	56.7	−83	
		σ_3	7.14	60.7	7.3	
大通五矿	370	σ_1	13.11	331.7	−1.8	2.185
		σ_2	11.04	241.4	−7.5	
		σ_3	8.74	255	82.3	

续表

矿名	深度/m	主应力	应力值/MPa	方位角/（°）	倾角/（°）	τ_{max}/MPa
永荣永川矿	522.5	σ_1	16.92	35.7	86.8	
		σ_2	15.49	36.8	−3.21	
		σ_3	7.88	306.85	0.06	
永荣永川矿	676.18	σ_1	21.17	34.8	88.4	
		σ_2	17.43	35.4	−1.6	
		σ_3	9.19	305.4	0.02	
徐州旗山矿	1031	σ_1	40.8	121.3	0.3	
		σ_2	26.1	28.5	83.4	
		σ_3	23.5	211.4	6.5	
徐州旗山矿	945	σ_1	36.7	137.3	10.9	
		σ_2	23.7	16.6	69.3	
		σ_3	21	230.8	17.3	
皖北任楼矿	550	σ_1	27.8	244.8	−7	
		σ_2	14.6	−24.1	−9	
		σ_3	9.3	−117.3	−78.6	
平煤一矿	440	σ_1	19.03	111.2	12.2	
		σ_2	12.66	49.4	−65.3	
		σ_3	11.4	196.4	−21.1	
平煤一矿	692	σ_1	30.83	109.6	9.7	
		σ_2	14.68	35.1	−57.3	
		σ_3	12.85	193.7	−30.8	
皖北祁东矿	429	σ_1	23.68	49.4	−4.5	
		σ_2	11.11	−54.2	71.6	
		σ_3	7.95	140.9	17.8	
皖北祁东矿	521	σ_1	25.89	94.2	2.7	
		σ_2	13.09	−11.6	79.9	
		σ_3	10.18	184.6	9.7	
皖北祁东矿	621	σ_1	29.29	42.6	34.9	
		σ_2	16.16	23.8	53.6	
		σ_3	12.32	126.2	9	
开滦东欢坨矿	530	σ_1	22.96	259	8.16	
		σ_2	12.09		85.9	
		σ_3	7.38	169	9.96	

矿名	深度/m	主应力	应力值/MPa	方位角/ (°)	倾角/ (°)	τ_{max}/MPa
开滦东欢坨矿	260	σ_1	14.22	284	−8.11	
		σ_2	7.15		78.91	
		σ_3	6.5	194	7.51	
鹤壁六矿	447.66	σ_1	32.5	258.07	12.35	14.22
		σ_2	22.16	101.54	75.56	
		σ_3	4.07	349.21	5.19	
焦作九里山矿	318.7	σ_1	8.85	357.59	74.8	3.9
		σ_2	5.7	192.08	14.53	
		σ_3	1.06	101.12	8.9	
涟邵牛马司矿	556.57	σ_1	21.78	87.99	18.56	9.96
		σ_2	17.43	282.23	70.89	
		σ_3	1.86	170.46	4.38	
北票冠山矿	989.05	σ_1	52.96	34.79	11.25	19.86
		σ_2	30.85	148.24	63.45	
		σ_3	13.23	299.77	23.71	
新汶孙村矿	870	σ_1	38.13	100.1	24.2	
		σ_2	28.35	79.2	61.5	
		σ_3	1.61	14.8	14.1	
葛店矿	630	σ_1	15.26	95	8.66	
		σ_2	13.69		83.9	
		σ_3	7.8	185	9.39	
葛店矿	330	σ_1	9.67	73	10.32	
		σ_2	7.02		79.87	
		σ_3	6.14	163	11.43	
葛店矿	330	σ_1	8.93	95	−7.3	
		σ_2	6.13		82.16	
		σ_3	5.5	185	7.51	

（3）有效应力场及其表征

地球流体已经被证明存在于大约 10km 的深度内，岩体作为孔隙固体，当岩体孔隙进入液体时，液体作用在岩体固体格架上的压力，为孔隙压力。

岩体受力后的变形和强度主要由固体格架承受和表现，充液后其固体格架还受液体压力作用，使固体格架上又叠加了孔隙压力 p，这是叠加在固体格架上的压缩体积力。固体格架上的应力 σ_i 要有一部分来平衡它，固体格架上实际受到的正应力为：

$$\sigma_i' = \sigma_i - \alpha p$$

式中，α 为有效性系数，$\alpha = 1 - \dfrac{K}{K_s}$，$K$ 为岩石体积压缩弹性模量，K_s 为岩石固体格架体积压缩模量。有效应力张量为：

$$S' = \begin{bmatrix} \sigma_x - \alpha p & \tau_{yx} & \tau_{zx} \\ \tau_{xy} & \sigma_y - \alpha p & \tau_{zy} \\ \tau_{xz} & \tau_{yx} & \sigma_z - \alpha p \end{bmatrix} \qquad (2\text{-}15)$$

同性岩体物性方程为：

$$e_x = -\frac{1}{E}\left[\sigma_x' - v(\sigma_y' + \sigma_z')\right] + \left[\frac{(1-2v)(1-a)}{E} - \frac{1}{3K_s}\right]p \qquad (2\text{-}16)$$

$$e_y = -\frac{1}{E}\left[\sigma_y' - v(\sigma_x' + \sigma_z')\right] + \left[\frac{(1-2v)(1-a)}{E} - \frac{1}{3K_s}\right]p \qquad (2\text{-}17)$$

$$e_z = -\frac{1}{E}\left[\sigma_z' - v(\sigma_x' + \sigma_y')\right] + \left[\frac{(1-2v)(1-a)}{E} - \frac{1}{3K_s}\right]p \qquad (2\text{-}18)$$

孔隙压力是作用在岩块固体结构上的压力，分布在岩块体积内而成为一种结构体积应力，减小岩块力学过程对所加外力的要求，而岩块的各种力学性质都定义为所加外力作用下的各种力学参量，因而孔隙压的存在，将减小岩块变形和破裂过程中各种力学参量所需的应力，使得岩体的变形模量、弹性模量、极限强度都随孔隙压的增加而减小，但破裂应力降随孔隙压的增加而增加。

2.1.2　热应力场及其表征

地壳岩体中由于温度变化所引起的热胀冷缩受到约束而产生的应力场称为热应力场，不需要考虑热应力的岩体应力场，相当于等温状态应力场。岩体中产生热应力场的情况有多种：温度变化时岩体某些部位不能自由变形；均匀岩体内各点的温度不均匀以致不能均匀胀缩；岩体温度均匀变化但各处的热胀系数不同；岩体的温度变化热胀系数都不均匀，都产生热应力场。热应力场的产生有两个基本条件：一是温度变化；二是胀缩不自由。

地壳热应力场主要特点如下：

（1）地壳温度升高引起的热应力会影响改变岩石圈的应力场及位移场，使得应力场产生不均匀性，其中地壳温度升高可由诸如地幔的上拱、局部熔融以及岩浆侵入等活动引起。

（2）地壳深处温度升高时，地壳上部将出现水平向张应力，地壳下部出现水平向压应力，张应力和压应力的值与温度梯度呈正比，此张应力还可引起拉伸构造。

（3）地表处拉应力最大值出现在温度升高区的上方，往两侧迅速下降，并向压应力转变。

（4）向上和向两侧扩展是位移场的特点，位移量随温度梯度增大而增大。达到 5℃/km 的温度梯度时，可引起 0.5km 的最大铅直位移，以及约 0.7km 的向两侧的位移量。铅直位移在温度升高区的正上方地表处最大，并向两侧减小。

此外，由地壳深处温度变化引起的岩石密度变化还可导致地壳应力变化。

综合上面的分析可知，深部岩体应力场构成十分复杂，不仅自重应力大，构造应力也较高，而且影响构造应力场的因素多，受褶皱等地质构造影响大，造成其分布复杂且变异大，同时还有残余应力、温度应力及孔隙压力的作用，这些因素对深部岩体的力学特性及其开采扰动响应特征有决定性作用，有效获得初始原岩应力分布特征及规律是分析冲击地压等开采扰动动力灾害的基础。

2.1.3 深部岩体原位状态能量场及其表征

能量是物质运动转换的量度，简称"能"。世界万物都在不断地运动，运动是物质一切属性中最基本的属性，而其他属性都只是运动的某一具体表现，物质运动形式与能量形式存在对应的关系，能量是用来表征和量度物理系统做功的本领的。对工程岩体来说，关注的主要是其变形能和势能，是储存在系统内可以释放或者转化为其他形式的能量。钱七虎院士指出岩体在微观上和宏观上具有储能特性。相比于浅部岩体来说，深部岩体变形能和势能将在其高地应力形成过程中产生一定的累积，能量源和能量汇是深部岩体所具有的明显特性。在初始地应力状态中，虽然岩体经历了变形和运动后处在相对的平衡状态，但是这一平衡态的维持需要满足一定的约束条件，当约束条件被静力和动力扰动破坏时，岩体会趋向不平衡或运动状态，蓄积在岩体中的变形能就会释放，转变成动能。岩爆、冲击地压等深部工程响应特征的本质都是岩体稳定性丧失所导致岩体位移和运动。

岩爆、冲击地压等动力灾害的机理目前尚不完全明了，但对这一问题国内外学者取得了广泛的共识：即岩体中的高地应力及其内部储存的大变形能是该动力灾害发生的必要内部因素。岩石的失稳破坏就是岩石中能量突然释放的结果，从能量的观点可以更好地描述岩石的变形破坏，尤其是对岩爆、冲击地压等动力响应现象的解释，可以大大简化对中间过程的分析，避免烦琐复杂的中间过程，同时也能够更整体、更全面地考虑各种因素，因此有必要对岩体的能量场进行分析。

2.1.4 岩体能量场及其表征系数

Dou 和 Phan-Thien 认为任何一种物体从一种状态转变到另外一种状态都可以归结于能量梯度的作用。岩体在应力作用下贮存着应变能，岩体中的应力场同时也是一种能量场（这里用场的概念主要针对能量的分布），一般来说，同一岩体在高应力水平下岩体能量相对较高，低应力水平下储能相对低。对于一定体积的工程岩体，不同应力状态下允许保留的应变能是一定的，当贮存能大于允许的保留能时（储能极限），多余的能量将释放掉，岩体从一种状态转变为另一种状态，如同一个水缸，其容积式有限的，当水满以后就会流出。由于能量是一个体积量，与岩体的体积相关，不便于分析其本质特征，因此采用能量密度来表征能量场，岩体能量密度正是能量梯度的一种表征，它抛开岩体体积这一影响因素，这样就能与应力-应变统一起来。

　　根据前面的分析，用能量能较全面地分析深部岩体的动力响应，因此可以在现有的应力-应变状态空间基础上构建相应的应力-应变-能量密度空间，来分析岩体的动力响应，岩体的能量场可用应变能密度作为其表征系数，不同岩体的能量特性不一样，如图 2-3 所示，不同岩体其能量状态曲线特征是不一样的，同一岩体在不同应变状态下其能量特性也有所差别。岩体所处的应力场及力学性质不同，其能量原位状态也不同，从而造成其扰动响应的差别。应力-应变-能量密度关系曲线示意图如图 2-4 所示。

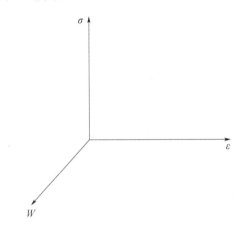

图 2-3　应力-应变-能量密度状态空间示意图

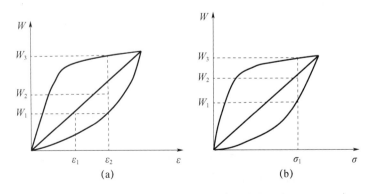

图 2-4　应力-应变-能量密度关系曲线示意图

根据广义胡克定理，三向受力状态下的岩体弹性应变能密度计算公式为：

$$W = \frac{\sigma_1^2 + \sigma_2^2 + \sigma_3^2 - 2\mu\ (\sigma_1\sigma_2 + \sigma_1\sigma_3 + \sigma_2\sigma_3)}{2E}$$

弹性应变能密度与岩体所处应力水平、弹性模量、泊松比等参数相关，无论是应力、应变的变化还是弹性模量以及泊松比的变化，都会引起弹性能密度变化。对于地下岩体，应力、弹性模量等是空间函数，因此弹性应变能密度也是一个空间函数，即：

$$W = f\ (x,\ y,\ z)$$

$$\rho_x = \frac{\partial f}{\partial x},\ \rho_y = \frac{\partial f}{\partial x},\ \rho_z = \frac{\partial f}{\partial x}$$

则 $\rho = (\rho_x,\ \rho_y,\ \rho_z)$ 为能量密度梯度，表示能量密度在空间 x、y、z 方向的变化率。由于能量密度是一个标量，因此可以进一步引入能量密度梯度，它是一个矢量，可以有效与应力梯度，应变梯度组合形成新的状态空间。

2.1.5　岩体初始应变能状态

以传统弹性理论和弹塑性理论来看，成岩地质体受自重体积力的作用，一定会产生弹性应变能。故此，以往数值方法模拟的露天边坡开挖位移场结果中往往会出现矿坑周围地面上升这一情况，即使采用很低的屈服标准，这一结果也很难避免。工程现场位移监测结果显示这一规律与实际不符。徐嘉谟等通过试验事实分析，提出一个岩体能量状态假说——成岩地质体的初始应变能状态是应变能密度处处为零。物体由液态变为固态时，由于固化压力梯度不为零，所以在它的不同深度上，其力学性质存在着定量的有规律性的差异，并且没有其他能量转化为弹性势能，可用大小不同的球形应力张量来表示不同深度上每一点的应力状态。只有在其他附加外力作用时岩体才具有应变。由于固化压力的差异，成岩地质体固化的深度条件不同，其岩石物理力学性质（或性能）也不同，岩石对固化（或固结）压力会留存"记忆"。只要保留着这种"记忆"，不管地质体经历过哪些地质事件，都会影响开挖引起的位移场特征。以此假设徐嘉谟很好地解释了边坡开挖过程"卸荷不回弹"现象。因此，对岩体能量状态的确定不但要注重成岩地质体工程状态现状的研究，还关注它作为地质体的过去，这样才能评价工程岩体的将来。由于构造运动的经历不同，成岩地质体可分以下三种基本情形来讨论：

（1）成岩地质体尚未卷入构造运动，或者只经历过微弱构造运动作用时，一般处在各向相等的球应力状态。

（2）构造运动水平挤压作用导致地壳上升时，处在其中的受挤压地质体的弹性势能和重力势能将会增加，在该地质体中的开挖将会降低其弹性势能和重力势能。

（3）地壳运动相对下降，造成岩地质体被深埋时，现有的竖直应力将超出成岩时的竖直应力。

在此情况下，地质体除受自重作用外，后来形成的新地层也会对其产生压缩作用，从而储存了应变能（含体应变能）。此时开挖就有可能发生卸荷回弹现象，围岩位移场中全部位移矢量才可能具有向上的分量。

这一假设对于认识地下工程所处原位状态也具有重要意义，地下岩体也是一种地质体，处于微弱构造运动区的地质体开挖前积聚的弹性能很少。弹性能主要由地下开挖引起的上覆岩层重量转移到巷道周围岩体引起周围岩体的垂直应力上升，超过其固化应力水平产生。对于处于构造运动中水平挤压地壳抬升地区的地下开挖，开挖前主要是水平应力引起的弹性能积聚，垂直方向在开挖引起的巷道周边垂直应力集中水平达到成岩固化应力水平前，不会引起弹性能积聚；对于处于构造运动中水平挤压地壳下降并且成岩地质体深埋区域，不仅水平构造应力引起的弹性能积聚大，垂直自重应力作用产生的弹性能也大，这是最不利的情况。因此，可以从区域构造对原位状态的能量场分布有一个直观的认识。

2.1.6 岩体原位状态的熵表征

热力学第一定律是关于能量的规律，热力学第二定律是关于熵的法则。熵和能在物理化学中是非常重要的两个概念，熵概念在 1865 年由 Clausius 引入，建立在热力学第二定律基础上，它也是与某一状态所对应的函数。孤立系统过程进行的方向以及限度可由熵的变化与最大值确立，内能及其他形式能量自发转换的方向与转换完成程度可由熵增原理来描述，熵增加的方向即是能量转换的方向，并且系统随着能量转换的进行，将趋向平衡态，达到最大熵值。虽然能量总值在此过程中保持不变，但可供利用或转换的能量将减少。熵和能从不同角度对系统状态进行描写，能从正面角度度量了运动转化的能力，运动转化的能力随能的增加而增加，且转化过程中保持能量总值不变；熵则度量了运动不能转化的一面，它表示了运动转化完成的程度，且在无外界作用的条件下，系统越近平衡态，熵就越大。熵既是物质的一种存在状态，又是热力学的状态函数，是除了体积、压力和温度之外的又一状态参数。通常热力学熵定义式为：$dS = dQ/T$，dQ 表示熵增过程中加入物质的热量，T 表示物质的热力学温度；计算某一过程的熵变时，必须用与这个过程的始态和终态相同的过程的热效应来计算。

1948 年，Shannon 将统计熵推广用于信息理论，使熵具有了新的内涵，可以用来刻画系统（信源）的不确定性；Jaynes 在此基础上提出了最大信息原理，用以确定各种系统的随机态变量的概率分布函数，从而使得熵在其他各种工程科学等领域显露头角。统计物理中的统计熵通常叫作物理熵，而信息理论中的统计熵称为信息熵。物理熵的物理意义表示无序度，信息熵表示不确定性，实质上两者都表示随机性，都表示无序度。物理熵具有热力学背景，而信息熵摆脱了这一背景，因而可用于物理学之外的各种学科（包括经济学和社会学等）。可以说只要是系统可用概率分布函数描述，都可定义其相应的信息熵，信息熵也称为广义熵，讨论大数量粒子态的物理熵具有微观特性；而通常研究少数状态的信息熵具有介观和宏观特性。

从无序走向有序是岩体工程演化过程的特征，因而可以在岩体工程中应用熵的概念及相关原理。在岩体工程失稳演化过程中，能量的转换和熵变总是伴随着进行，根据定义热力学熵就是系统处于某一宏观状态可能性（概率）的度量，系统的熵越大，则系统处于该状态的概率越大；系统的熵越小，则系统处于该状态的概率越小，系统的平衡态是熵具有最大值的态。因此，熵可以作为一个统一特征量来表征岩体的状态。熵值的变化反映了岩石系统状态演化的进程，必须受到外界的作用岩石系统才会产生熵减，如对岩石系统的加卸载等，岩石系统的熵在加卸载作用下不断地减小，达到一定程度就会导致岩石系统破坏，进而形成有序的耗散结构。

开挖过程中岩体的变形破坏从无序向有序的演化过程，一般经历三个阶段：平衡态—近平衡态—远离平衡态，地下岩体在某一刻的原位状态肯定是在处在这三个状态中的某一状态，不同阶段的熵是不一样的，准确地识别原位状态所处的阶段对分析系统失稳动力灾害具有关键的作用。

2.1.7 深部高应力岩体扰动状态分析

地质体从自然状态变为工程状态需要进行工程开挖，开挖作用会对岩体的原位状态产生扰动，引起的区域地质体的应力、能量、变形、温度、孔隙水、气压以及力学性质等因素相对其原位状态发生变化，开挖扰动后的岩体状态称为工程状态或扰动状态。

实际工程中的开挖活动不是一次就完成的，而是在一段时间内持续多次进行，因而开挖造成的扰动作用也是不断进行的，在时间上具有单向持续性，而在空间可能有交叉重复性，某一次扰动后岩体可能处在一种新的状态，相对于后一次即将进行的扰动来说，这一状态也是一种原位状态，称为扰动原位状态。顾名思义，扰动原位状态是不断变化的，每次扰动都在会产生新的扰动状态，然后又作为下一次扰动的原位状态，直至开采活动结束。定义扰动原位状态主要是为了分析具体某一时间段或时刻所施加特定扰动的影响。

在所有原位状态物理量中，对岩体系统最核心的主要是应力和强度（广义强度）影响，应力扰动从性质上可分为两大类：

（1）开采系统带来的扰动。多阶段多矿房开采导致应力调整而产生的岩体内的应力变化，即 $\Delta\sigma$ 随时间变化。

（2）动力扰动是由外界动荷载作用带来的动力扰动。因此，深部岩体实际上处于"高应力＋动力扰动"的受力状态。强度扰动主要是指开采过程造成的岩体强度损伤，强度扰动与应力扰动密切相关，其他的扰动都可以体现在这一对基本量的对立统一中，如温度扰动、空隙水扰动、地下流体的变化会导致孔隙压力场的变化。因此，可以说扰动主要是通过岩体的应力升高或降低，强度增强或弱化来显现，而应力和强度的扰动又可以统一反映在能量变化中。

将开挖扰动相关区域看作一个大的系统，由于扰动量的存在使系统的性能（整体或局部的应力和强度）发生改变，产生各种响应，定义这一扰动过程中系统的响应为开挖扰动响应（工程响应）。钱七虎院士对现有岩体工程响应（主要指深部）的特征科学现象进行总结，根据其发生原因归纳为两类：静力的和动力的。在深部工程围岩中交替出现若干破裂区和不破裂区，即分区破裂化现象是静力特征现象表现；深部矿井中的岩块弹射和岩块冒落等岩爆现象和冲击地压动力事件则是动力特征现象表现。

实际工程中开采扰动是相对于岩体某种原位状态的扰动，其扰动过程中的响应特征一方面与原位状态密切相关；另一方面又与扰动的作用紧密联系。岩体系统原位状态复杂性，造成开挖扰动响应的复杂性、多变性和多可能性。对某一岩体来说，在开挖前地下空间中某点处在不同的状态时，其受扰动产生的响应是不同的，即不同原位状态下相同扰动所产生的响应是不同的。同时对处在同一原位状态下岩体施加不同的扰动，其产生的响应也不一样，因此分析岩体开采扰动响应要从这两方面着手。

2.2 深部地层岩体自蓄能特性

深部岩体是由从晶体到岩体不同等级的具有软弱力学特性的结构单元所分割的块体结构，将不同等级块体之间的软弱力学特性部分统称为弱相结构，可以发现小至岩石晶体尺度，大致地球板块尺度，都可以看成由强弱不同结构单元组合形成的非连续系统，不同尺度岩体的尺寸通常满足一定的自相似规律。从不同尺度分析岩体的结构及其能量状态对于揭示工程岩体破裂和动力灾害发生机理具有理论指导意义。

相较于浅部岩体，深部岩体因为所赋存的高温高压环境，具有典型不同于浅部的物理和力学特性，主要表现在以下几方面：

（1）非协调变形：微、细观裂纹到构成岩体晶粒的位错、向错和螺错所导致的岩体变形的非协调性，宏观表现为非线性。

（2）内应力：岩石在不受任何外部荷载作用下内部产生满足自平衡状态应力。

（3）自蓄能：非外部荷载作用下内应力引起的岩石应变能。

（4）弱相超临界：高应力导致体系中弱相处于临界或超临界状态。

在浅部地层由于地应力水平较低，岩石内部弱相介质受力未达到其临界状态，弱相介质微裂纹发育较少，即岩石内部微裂纹较稀疏，微裂纹所引起的岩体变形内能变化量很小，因此满足变形协调条件，适用于连续介质力学模型；而深部地层由于原始地应力较高，岩石结构中的弱相介质处于临界或超临界状态，产生大量微裂纹，当微裂纹密度和长度发育到一定程度时，所引起的岩体变形内能变化量（自蓄能）不容忽略，此时岩体不再满足变形协调条件，基于连续介质假定的力学模型如弹塑性力学等在深部将不再适用。

深部地层高应力状态下的自蓄能特性可由以下物理现象验证：

（1）一定深度围岩钻孔取芯得到的岩样经历轴向卸载一段时间后，岩样会沿轴向出现等间距断裂，此现象称为岩芯饼化。

（2）深部地层岩体的静置舒张与自劣化现象。在不受任何外部作用，深部岩体取样后会自发地产生舒张变形，破裂损伤，甚至发生快速崩解。如果在岩样表面进行轻微扰动（敲击或刻痕）会加速岩样的破坏过程。这表明岩样中储存了大量的应变能，而外部扰动则会加速岩样中储存能量的释放速率。恒温水浴系统下的卸荷岩芯应变恢复曲线，卸荷岩芯应变、波速与时间变化曲线，卸荷岩芯应变-时间-振铃计数率曲线分别如图 2-5～图 2-7 所示。

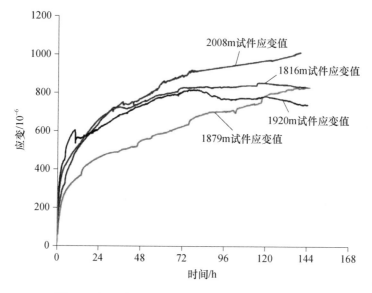

图 2-5　恒温水浴系统下的卸荷岩芯应变恢复曲线

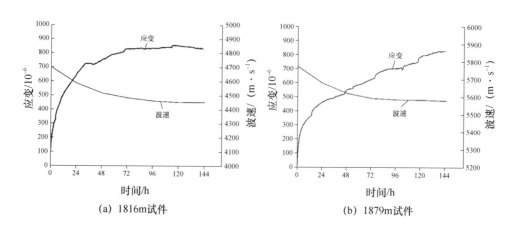

（a）1816m试件　　　　　　（b）1879m试件

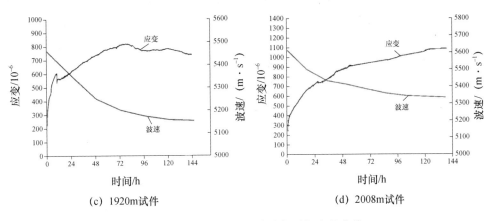

(c) 1920m试件　　　　　　　　　(d) 2008m试件

图 2-6　卸荷岩芯应变、波速与时间变化曲线

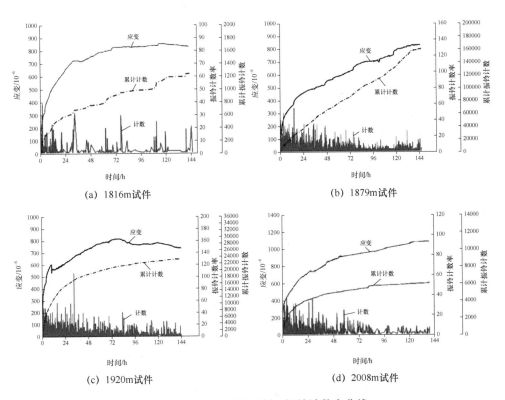

(a) 1816m试件　　　　　　　　　(b) 1879m试件

(c) 1920m试件　　　　　　　　　(d) 2008m试件

图 2-7　卸荷岩芯应变-时间-振铃计数率曲线

2.3　深部高应力条件下岩芯饼化特征及其力学机制

岩芯饼化是深部地层岩石钻进过程中特有的一种岩芯裂成饼状的岩石力学现

象。1958 年，美国学者 Hast 在钻探取芯过程中首次发现很多岩芯断裂成饼、破碎成片，沿孔深方向呈现间断性分布，并将这一现象与高应力联系起来，作为推测高地应力的方法之一。随后的 60 年里，随着国内外土木、水利、矿山等岩体工程向深部进军，岩体地应力越来越高，饼化现象也更加频繁和普遍。岩芯饼化地段往往是岩爆等岩石动力灾害的高危险区。

2.3.1 深部岩芯饼化特征分析

现场调查发现，在新城金矿和三山岛金矿深部钻探取芯过程中，均出现岩芯饼化现象，两座矿山相距不过 1300m 时饼化就很强烈，而另一个在钻进 1800m 时饼化才较为普遍，且后者三山岛岩芯饼化均集中在矿脉上盘，在矿脉下盘很少出现饼化现象，说明饼化不仅与应力环境相关，还与岩石本身性质密切相关。从现场饼化厚度统计结果可以看出，新城岩饼饼化厚度多在 10mm 以上，三山岛岩饼厚度多在 10mm 以下，新城岩饼厚度起伏较三山岛要大。新城金矿深部－1100m、－1300m 岩芯饼化特征如图 2-8 所示。三山岛金矿西岭矿区－2100m 岩芯破碎、饼化现象如图 2-9 所示。新城部分饼化厚度统计见表 2-4。三山岛部分饼化厚度统计见表 2-5。

图 2-8　新城金矿深部－1100m、－1300m 岩芯饼化特征

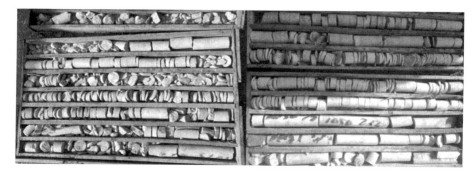

图 2-9　三山岛金矿西岭矿区－2100m 岩芯破碎、饼化现象

表 2-4 新城部分饼化厚度统计

项目	岩芯厚度/mm				
	方位 1	方位 2	方位 3	方位 4	平均值
岩饼 1	9.17	9.28	9.52	10.17	9.53
岩饼 2	12.18	13.77	14.04	17.02	14.25
岩饼 3	17.25	17.95	18.61	18.95	18.19
岩饼 4	21.75	21.98	23.86	24.94	23.13

表 2-5 三山岛部分饼化厚度统计

项目	岩芯厚度/mm				
	方位 1	方位 2	方位 3	方位 4	平均值
岩饼 1	8.41	9.56	9.61	10.21	9.4475
岩饼 2	5.71	6.35	6.03	7.65	6.435
岩饼 3	7.89	8.91	14.47	11.51	10.695

分析可知，三山岛断裂主要沿郭家岭岩体与玲珑岩体或胶东群之间的侵入接触带展布，断裂上盘主要为玲珑中粒二长花岗岩（含斑）和胶东群斜长角闪岩、黑云斜长片麻岩、黑云变粒岩，其间穿插有多条斑状二长花岗岩岩枝，斜长石 35%~40%、钾长石 30%~35%、石英 25%、黑云母 5%~10%。下盘为郭家岭花岗闪长岩，中粒，斑状结构，斑晶为钾长石（10%），基质由斜长石 46%，钾长石 20%、石英 22%、黑云母 5%、角闪石 3%。胶东中-新生代花岗岩及金矿分布简图如图 2-10 所示。二长花岗岩基质中钾长石含量相比花岗闪长岩更高，导致其强度降低。另外，二长花岗岩中的石英含量较高，由于石英颗粒强度大、脆性程度高，容易导致发生脆性断裂，从三山岛深部岩石力学试验可以看出，花岗闪长岩抗压强度和抗拉强度均比二长花岗岩高，综合分析可知，同样应力环境下上盘的二长花岗岩要比下盘的花岗闪长岩容易饼化，饼化厚度会更小。S. S. Lim（2010）分析了加拿大原子能公司地下实验室中同一位置处花岗闪长岩和花岗岩特性（图 2-11），发现花岗闪长岩单轴抗压和抗拉强度均要高出花岗岩 17%，同样应力环境下花岗岩饼化要比花岗闪长岩容易，饼化厚度更小。这一结论与现场调查结果一致，说明饼化不仅与应力条件相关，还与岩石矿物结构类型有关。

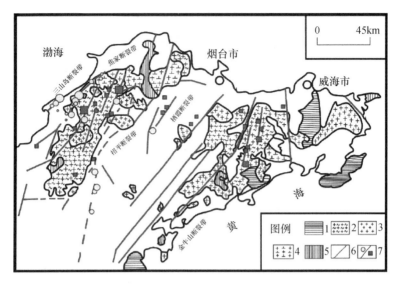

图 2-10 胶东中-新生代花岗岩及金矿分布简图

1—印支期花岗岩；2—玲珑型似片麻状黑云母花岗岩；3—栾家河型中粗粒二厂花岗岩；

4—郭家岭型似斑状花岗闪长岩；5—崂山-艾山花岗岩；6—胶东主要断裂构造带位置；7—矿床分布位置

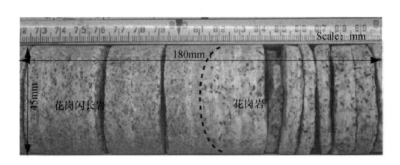

图 2-11 加拿大地下实验室同一位置花岗岩和花岗闪长岩饼化特征

对三山岛饼化断面分析表明，断口具有凹凸形、马鞍形，断面粗糙，有隆起沟坎，将半饼化岩芯沿着轴向从中间切开，观察纵向剖面可见垂直岩芯轴线的裂纹在内部已经贯穿整个平面，但在岩芯外面未见明显开裂，有的裂纹在内部孤立发展，说明岩芯饼化裂纹可由中间启动。三山岛金矿深部岩石物理力学参数见表 2-6。完全饼化岩芯特征如图 2-12 所示。半饼化岩芯纵向平面特征如图 2-13 所示。

表 2-6 三山岛金矿深部岩石物理力学参数

岩性	密度/ (g/cm³)	单轴抗压 强度/MPa	劈裂拉伸 强度/MPa	内摩擦角/ (°)	黏聚力/ MPa	弹性模量/ GPa
角闪英云闪长岩	2.934	86.28	14.66	37.26	49.89	63.61
二长花岗岩	2.627	70.70	6.92	33.21	26.54	27.11

续表

岩性	密度/ (g/cm³)	单轴抗压 强度/MPa	劈裂拉伸 强度/MPa	内摩擦角/ (°)	黏聚力/ MPa	弹性模量/ GPa
黑云变粒岩	2.717	97.53	16.46	25.06	42.87	40.08
绢英岩化花岗岩	2.572	125.21	16.31	39.51	37.35	43.12
绢英岩	2.677	93.26	14.33	36.82	35.60	41.04

(a) 断口平面

(b) 纵向剖面

图 2-12 完全饼化岩芯特征

对饼化裂面细观扫描发现靠近岩芯边沿位置具有台阶状、鱼骨状花样，且夹带有剪切滑移条纹状，微观形貌较规则，兼有穿晶断裂和切晶断裂，为剪切拉伸复合断裂模式。中间位置晶面光滑，孔洞缺陷较多，主要为穿晶断裂，断口形貌舌状、片状花样较多，表征岩石中云母矿物被撕裂拉开，形成多薄层状结构，并伴随有塑性弯曲，带有一定疲劳损伤拉伸断裂的性质。饼化断口扫描过程及结果分别如图 2-14、图 2-15 所示。

(a) 内部贯穿裂纹

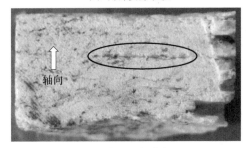

(b) 内部孤立裂纹

图 2-13　半饼化岩芯纵向平面特征

(a) 饼化岩石断面　　　　　(b) 扫描取样位置

图 2-14　饼化断口扫描过程

(a) 靠近岩芯外缘断口扫描

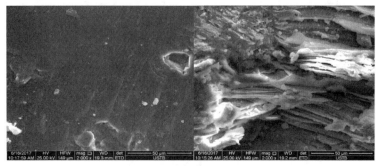

(b) 靠近岩芯中部断口扫描

图 2-15　饼化断口扫描结果

Bankwitz 等通过 KTB 钻孔工程中岩芯断口形态分析指出岩芯断裂呈现两种断裂模式的组合，由中间的拉伸破坏到边缘的剪切破坏。这与本次三山岛断口扫描分析结果一致（图 2-16），说明岩芯饼化是两种中间拉伸破坏和边缘剪切破坏的组合。

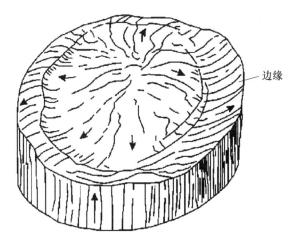

边缘

图 2-16　中间拉伸破坏边缘剪切破坏示意图（Bankwitz，1997）

2.3.2　岩芯饼化力学机制分析

目前，多数文献中关于岩芯饼化的模拟均采用弹性数值模型，结果表明一旦岩芯发生破坏，用这种模型所形成的应力分布就不复存在。因此，需要采用弹塑性模型，由于岩石非线性特征涉及应力路径依赖，所以模拟过程必须考虑取芯作业过程。FLAC 3D 5.0 软件中 null 单元可以很好地模拟取芯过程，同时 FLAC 3D 5.0 中的应变软化本构模型可以很好地反映岩石材料的峰后行为，对于岩芯饼化或损伤具有关键影响。下面采用 FLAC 3D 5.0 软件模拟分析岩芯饼化过程。

（1）模型建立

本次数值模型（图 2-17）建立参照 Obert 和 Stephenson 的实验模型，岩芯半径为 21.8mm，钻孔半径 29.2mm，模型长 200mm，宽 200mm，高 410mm，模型网格。模型中将钻头底部设为平的，一方面是为了保持模型简单，另一方面底部近乎平面的金刚石钻头现在很常见，而且正在逐步取代老式的圆边钻头。钻头切口宽度约为岩芯半径的 34%。

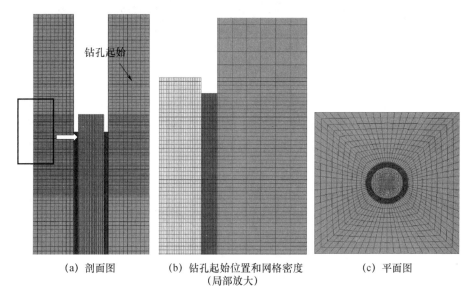

钻孔起始

(a) 剖面图   (b) 钻孔起始位置和网格密度   (c) 平面图
                        （局部放大）

图 2-17　岩芯饼化模拟计算模型

采用 FLAC 3D 中摩尔库仑应变软化/硬化模型，它服从非关联剪切塑性流动法则和关联拉伸塑性流动法则，该模型可以模拟材料发生塑性破坏后，黏聚力、摩擦角、膨胀角和抗拉强度可能发生软化或硬化现象。分析表明，采用该模型能够很好地反映岩石峰后脆性破坏特征。本次建立模型中上层岩石被设定为线弹性，以防止在没有足够侧向约束的钻孔外边缘发生破坏，认为这一层岩石离孔底足够远，对计算结果没有影响。

模拟金刚石钻头钻进的初始条件是首先将钻孔内的应力初始化为地应力状态，然后钻进一定长度，并取走中间的岩芯，留下一个平坦的钻孔底部，这一过程可以认为是上一回次的钻头钻进到该位置，并利用取芯弹簧折断岩芯。然后将模型计算值平衡，开始新的钻进过程，每一步钻进长度相当于岩芯半径的 6%。每一步钻进后模拟计算至平衡，往复地钻进—计算平衡，直到获得所要得到的结果。分析中没有考虑钻头压力和浆液的流体压力，主要是因为这些因素引起的应力场与初始地应力相比可以忽略不计。模拟钻进过程应力施加方案见表 2-7。

表 2-7　模拟钻进过程应力施加方案

方案	径向应力σ_x/MPa	径向应力σ_y/MPa	轴向应力σ_z/MPa
1	38	38	7
2	76	76	7
3	130	130	62
4	140	140	62

（2）结果分析

方案 1 施加的应力边界条件为：$\sigma_x = \sigma_y = 38$MPa，$\sigma_z = 7$MPa，分析可知：钻头钻进后在岩芯根部以下区域形成拉应力集中，拉应力集中带呈碗底状的弧形，且中间高，两侧低，由于所施加的水平应力较小，产生的拉伸应力最大 7.8MPa，没有达到花岗岩的拉伸强度，因此钻进过程中未见发生塑性破坏产生，岩芯不发生饼裂。钻进 24mm、56mm 结果分别如图 2-18、图 2-19 所示。

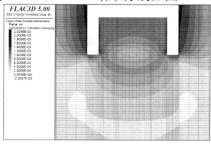

（a）塑性拉伸应变云图

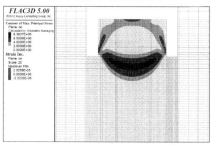

（b）最大拉伸应力及拉伸应变矢量

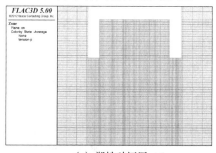

（c）塑性破坏区

图 2-18　钻进 24mm 结果

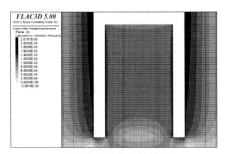

(a) 塑性拉伸应变云图

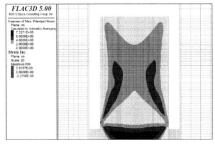

(b) 最大拉伸应力及拉伸应变矢量

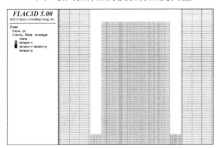

(c) 塑性破坏区

图 2-19　钻进 56mm 结果

　　方案 2 施加的应力边界条件为 $\sigma_x = \sigma_y = 76\text{MPa}$，$\sigma_z = 7\text{MPa}$，钻进 1.5mm 时，最大拉伸应力区主要分布在岩芯两侧根部以下，塑性拉伸应变整体较小，主要分布在岩芯边缘靠近钻头处，岩芯中尚未产生破坏。钻进 3mm 时，最大拉伸应力区进一步扩展，塑性拉伸应变有所增长，但整体仍然较小，最大值主要分布在岩芯边缘靠近钻头处，此时在岩芯根部边缘处发生少许的拉伸破坏，主要分布在拉应力最大区域；钻进 4.5mm 时，最大拉伸应力区从两侧向中间扩展，并连成一片，形成碗状的拉伸应力带，塑性拉伸应变几乎不变，此时在岩芯根部以下的拉伸应力带中发生较多的拉伸破坏，破坏区域分布呈现中间低，两侧高的特征，与拉伸应力区分布一致，破坏未贯通至岩芯表面；钻进 6mm 时，拉伸应变急剧增加，在钻头水平以下的岩芯底部产生明显塑性拉伸应变集中带，并伴随着显著的拉应力下降，这是由于岩石的拉伸软化性质导致，说明在上一回合钻进时的拉伸破坏区域此时已经发生了塑性流动。塑性拉伸应变带近似水平分布，越往岩芯中部应变越大，方向与最小主应力方向一致，与岩芯轴向平行，此时拉伸应力集中分布在两侧，在岩芯根部两侧出现少许拉伸破坏，标志着破裂已由中心向两侧传播。钻进 7.5mm 时，在距离岩芯上表面 10.5mm 处已经出现了明显的水平拉伸破坏带，该处的塑性拉伸应变进一步增大至 1.9×10^{-2}；当钻进 9mm 时，距离岩芯上表面 10.5mm 处的水平拉伸破坏带贯通至岩芯表面，塑性拉伸应变大幅增加至 2.4×10^{-2}，标志着饼化已经全部形成，此后继续钻进至 10.5mm 时，塑性拉伸应变基本不变，岩芯根部拉伸破坏沿水平面贯通，此时可认为第一块岩芯饼化全部完成，岩饼的厚度为 10mm 左右。上述分析可见，垂直岩芯轴线的饼化破裂面是由在岩芯中部启动的拉伸破坏控制的。钻进 1.5mm、3mm、4.5mm、6mm、7.5mm、9mm、10.5mm 结果分别如图 2-20～图 2-26 所示。

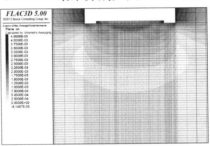

(a) 塑性拉伸应变云图

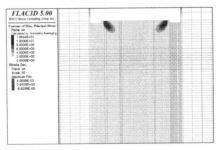

(b) 最大拉伸应力及拉伸应变矢量

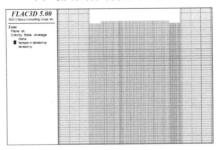

(c) 塑性破坏区

图 2-20　钻进 1.5mm 结果

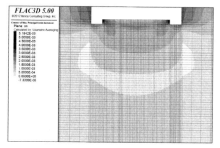

（a）塑性拉伸应变云图

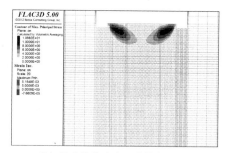

（b）最大拉伸应力及拉伸应变矢量

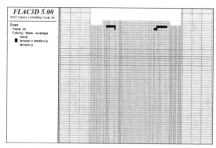

（c）塑性破坏区

图 2-21　钻进 3mm 结果

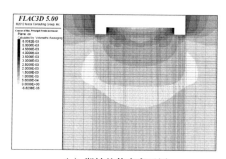

（a）塑性拉伸应变云图

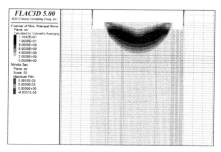

（b）最大拉伸应力及拉伸应变矢量

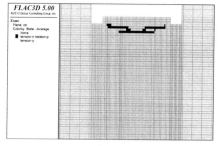

（c）塑性破坏区

图 2-22　钻进 4.5mm 结果

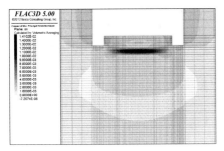

(a) 塑性拉伸应变云图

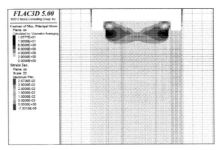

(b) 最大拉伸应力及拉伸应变矢量

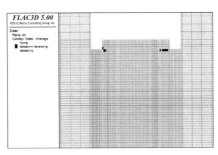

(c) 塑性破坏区

图 2-23 钻进 6mm 结果

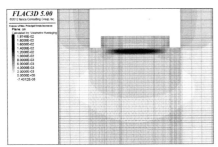

(a) 塑性拉伸应变云图

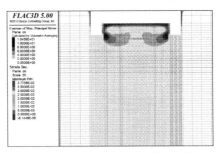

(b) 最大拉伸应力及拉伸应变矢量

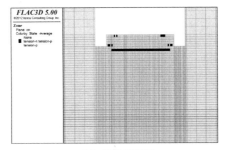

(c) 塑性破坏区

图 2-24 钻进 7.5mm 结果

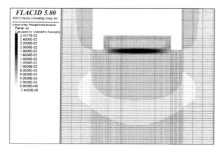 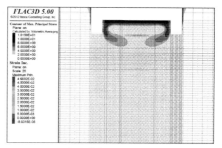

(a) 塑性拉伸应变云图　　　　　　(b) 最大拉伸应力及拉伸应变矢量

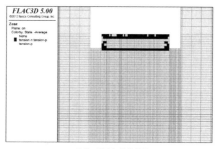

(c) 塑性破坏区

图 2-25　钻进 9mm 结果

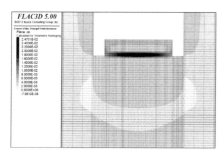 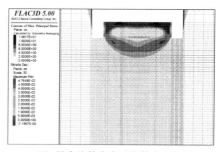

(a) 塑性拉伸应变云图　　　　　　(b) 最大拉伸应力及拉伸应变矢量

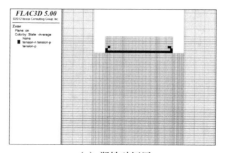

(c) 塑性破坏区

图 2-26　钻进 10.5mm 结果

　　继续模拟钻头的钻进过程，可以发现与上一回合钻进相似的规律，即钻进至12mm时，塑性拉伸应变基本维持不变，在岩芯根部以下的边缘处有少许的拉伸破坏出现；钻进至15mm时，塑性拉伸应变几乎不变，此时在岩芯中发生较多的拉伸破坏，破坏区域分布呈现中间低，两侧高的特征，破坏未贯通至表面；钻进至19.5mm时，在钻头水平以下的岩芯底部产生明显塑性拉伸应变集中带，近似水平分布，越往岩芯中部应变越大，方向与最小主应力方向一致，与岩芯轴向平行，水平拉伸破坏带贯通至岩芯表面，标志着饼化开始形成，此后继续钻进至21mm时，塑性拉伸应变基本不变，岩芯根部拉伸破坏沿垂直岩芯轴向平面贯通，此时可认为第二块岩芯饼化过程全部完成，第二块岩饼的厚度为10mm左右。钻进12mm、15mm、19.5mm、21mm、27mm、31.5mm、36.5mm结果如图2-27～图2-33所示。

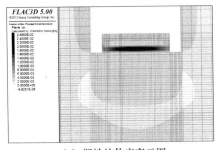 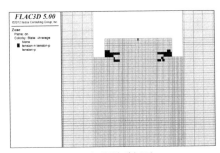

(a) 塑性拉伸应变云图　　　　　　　　　(b) 塑性破坏区

图 2-27　钻进 12mm 结果

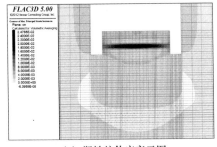 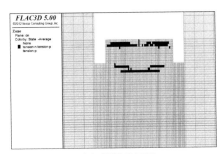

(a) 塑性拉伸应变云图　　　　　　　　　(b) 塑性破坏区

图 2-28　钻进 15mm 结果

　　当继续模拟钻头的钻进过程，岩芯破坏规律开始显示出一些不一样的特征，即钻进至27mm时，岩芯开始第三次饼化，岩饼厚度约为7.5mm。钻进至31.5mm时，岩芯开始第四次饼化，岩饼厚度约为6mm。钻进至36.5mm时，岩芯开始第五次饼化，岩饼厚度约为4.5mm。

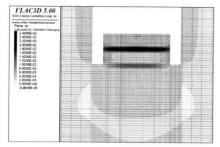 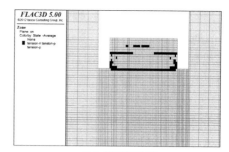

（a）塑性拉伸应变云图　　　　　　　　（b）塑性破坏区

图 2-29　钻进 19.5mm 结果

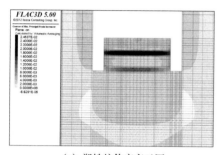 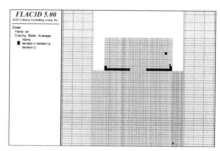

（a）塑性拉伸应变云图　　　　　　　　（b）塑性破坏区

图 2-30　钻进 21mm 结果

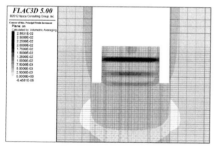 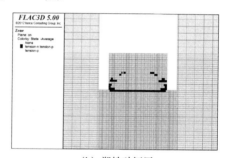

（a）塑性拉伸应变云图　　　　　　　　（b）塑性破坏区

图 2-31　钻进 27mm 结果

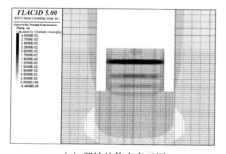 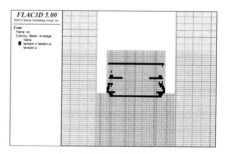

（a）塑性拉伸应变云图　　　　　　　　（a）塑性破坏区

图 2-32　钻进 31.5mm 结果

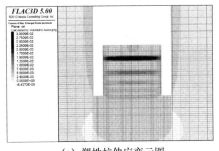

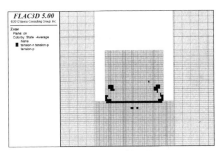

(a) 塑性拉伸应变云图　　　　　　　　　(b) 塑性破坏区

图 2-33　钻进 36.5mm 结果

从方案 2 的模拟结果可以看出，随着钻进深度增加，塑性拉伸应变增大越来越缓慢，岩芯饼化厚度越来越不均匀，饼化趋势越来越不明显，分析原因在于 FLAC 模拟基于连续介质，无法实现岩芯破裂断开过程，实际中饼化以后上部岩饼将与下部岩芯脱离接触，因此，模拟过程中将上部饼化的岩芯挖掉，人工模拟钻进过程中饼化岩石断裂过程，然后计算平衡，再开始下一回合的钻进。从图 2-20～图 2-33 所示模拟结果可以看出，采用人工切断处理后，岩芯开始有规律的饼化破裂，饼化厚度保持在 10.5mm 左右。塑性破坏区特征如图 2-34 所示。塑性拉伸应变特征如图 2-35 所示。拉伸应力与矢量应变特征如图 2-36 所示。

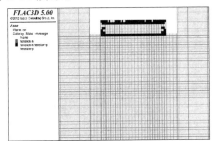

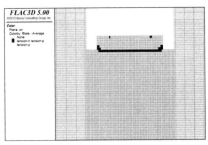

(a) 岩芯第1次饼化　　　　　　　　　(b) 岩芯第2次饼化

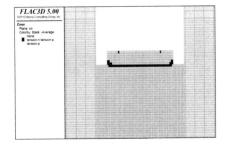

(c) 岩芯第3次饼化

图 2-34　塑性破坏区特征

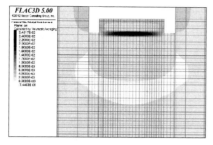

（a）岩芯第1次饼化

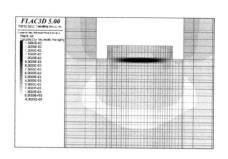

（b）岩芯第2次饼化

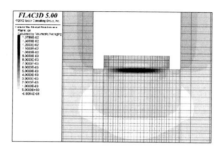

（c）岩芯第3次饼化

图 2-35　塑性拉伸应变特征

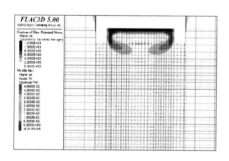

（a）岩芯第1次饼化

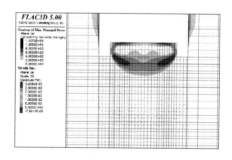

（b）岩芯第2次饼化

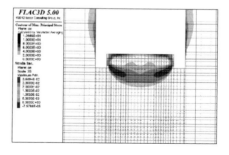

（c）岩芯第3次饼化

图 2-36　拉伸应力与矢量应变特征

方案 3 施加的应力边界条件为 $\sigma_x = \sigma_y = 130\text{MPa}$，$\sigma_z = 62\text{MPa}$，岩芯中拉应力首先在岩芯根部以下的两侧集中，最大拉应力 8.5MPa，呈 45°角斜向下分布，同时在拉应力集中区域伴随着塑性剪切破坏，这是与前面较低径向应力方案不同的地方，拉伸塑性应变为 6.9×10^{-2}。继续钻进一步（3mm）两侧拉应力显示增大到 9MPa，并由两侧向中间靠拢，连成一片，剪切破坏进一步斜向下往深部发展，此时开始出现拉伸破坏，分布在剪切破坏区域上方，靠近岩芯中部为纯拉伸破坏，靠外缘为拉伸剪切复合破坏。当钻进至 7.5mm 时，拉伸应变急剧增加增大至 4.2×10^{-2}，在钻头水平以下的岩芯底部产生明显塑性拉伸应变集中带，并伴随着该区域拉应力的显著下降，这是由岩石的拉伸软化性质导致。塑性拉伸应变带近似水平分布，越往岩芯中部应变越大，方向与最小主应力方向一致，与岩芯轴向平行，此时拉伸应力集中分布在两侧，在岩芯根部两侧出现少许拉伸破坏，标志着破裂已由中心向两侧传播。钻进 9mm 时，在距离岩芯上表面 9mm 处已经出现了明显的水平拉伸破坏带，拉伸应变基本保持不变，说明第一次饼化过程完成。可以看到此时拉应力重新在饼化破裂面以下的两侧开始集中，第二次饼裂过程开始启动，当钻进至 18mm 时，岩芯出现第二次饼裂。继续钻进 7.5mm 至岩芯出露 25.5mm 时，出现第三次岩芯饼裂。此后随着钻进继续，不断重复这一破裂过程，两破裂面的平均间距在 8mm 作用，且饼裂趋势越来越不明显。钻进 1.5mm、3mm、7.5mm、15mm、24mm、80mm 时结果如图 2-37～图 2-42 所示。

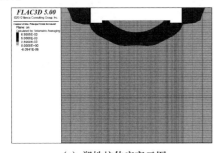

(a) 塑性拉伸应变云图

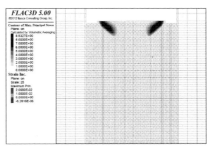

(b) 最大拉伸应力

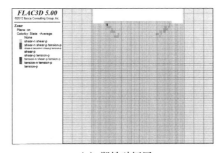

(c) 塑性破坏区

图 2-37　钻进 1.5mm 结果

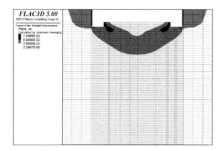

(a) 塑性拉伸应变云图

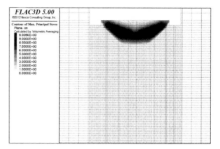

(b) 最大拉伸应力

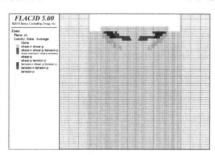

(c) 塑性破坏区

图 2-38　钻进 3mm 结果

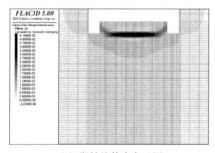

(a) 塑性拉伸应变云图

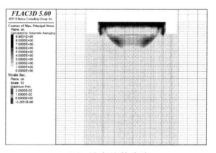

(b) 最大拉伸应力

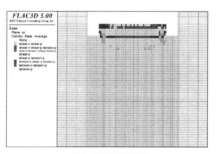

(c) 塑性破坏区

图 2-39　钻进 7.5mm 结果

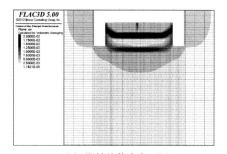

(a) 塑性拉伸应变云图

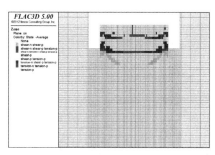

(b) 最大拉伸应力

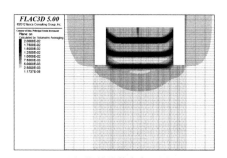

(c) 塑性破坏区

图 2-40 钻进 15mm 结果

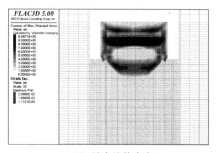

(a) 塑性拉伸应变云图

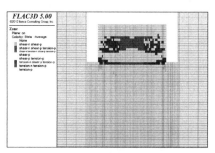

(b) 最大拉伸应力

(c) 塑性破坏区

图 2-41 钻进 24mm 结果

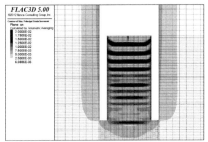
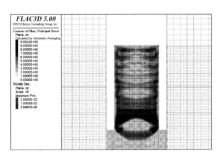

(a) 塑性拉伸应变云图　　　　　　　　(b) 最大拉伸应力

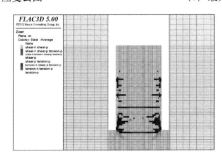

(c) 塑性破坏区

图 2-42　钻进 80mm 结果

　　方案 4 施加的应力边界条件为 $\sigma_x = \sigma_y = 140MPa$，$\sigma_z = 62MPa$，钻进第一步（1.5mm）时，岩芯中拉应力呈圆锥形分布，最大拉应力 7MPa，最大拉伸应变 7.5×10^{-3}，在圆锥形拉应力带下面分布着剪切应力带，剪切应力达到 81MPa，最大剪切应变 1.6×10^{-2}，远大于拉伸应变，从塑性区分布可以看出，此时在岩芯根部发生了剪切破坏，破坏区域呈圆锥形，在圆锥体内部岩芯仍然保持弹性，而拉伸破坏几乎没有出现，仅在岩芯出露边缘出现少量拉伸破坏。钻进第二步时（3mm），拉伸应变急剧增加至 5.6×10^{-2}，剪切应变增大至 6.7×10^{-2}，在上一步剪切破坏的区域产生了明显的圆锥形塑性剪切应变集中带，并伴随着该区域剪切应力和拉伸应力的显著下降，这是由于塑性流动导致压缩强度降低。此时拉伸应力集中区向岩芯中部收缩，岩芯中间出现拉伸破坏。钻进第四步（6mm）时，拉伸应变达到 5.9×10^{-2}，剪切应变为 6.3×10^{-2}，塑性应变基本保持不变，在圆锥底部出现大量拉伸破坏。钻进第十步时，几何形状与第一个相似的另一个剪切锥开始形成，此后随着钻进继续，圆锥形破裂带往复出现，两个圆锥形破裂面的平均间距在 15mm 左右。钻进 1.5mm、3mm、6mm、12mm、30mm、60mm 时结果如图 2-43～图 2-48 所示。

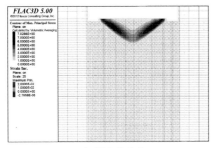

(a) 最大拉应力

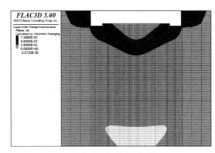

(b) 最大拉伸应变

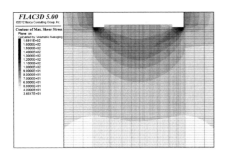

(c) 最大剪切应力

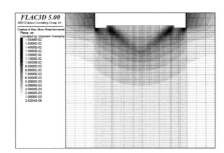

(d) 最大剪切应变

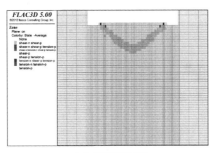

(e) 塑性破坏区

图 2-43　钻进 1.5mm 结果

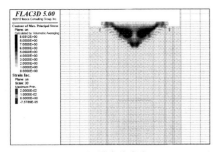

(a) 最大拉应力

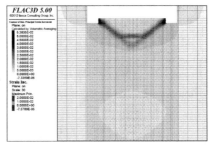

(b) 最大拉伸应变

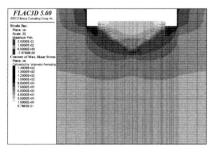

(c) 最大剪切应力

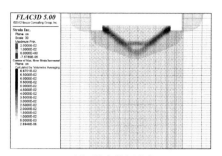

(d) 最大剪切应变

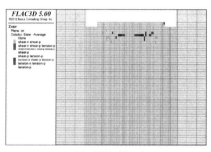

(e) 塑性破坏区

图 2-44　钻进 3mm 结果

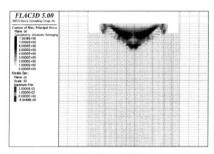

(a) 最大拉应力

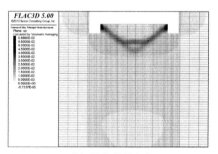

(b) 最大拉伸应变

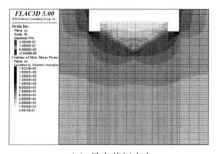

(c) 最大剪切应力

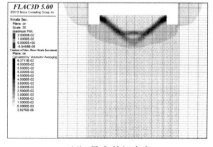

(d) 最大剪切应变

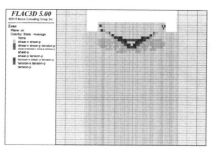

(e) 塑性破坏区

图 2-45 钻进 6mm 结果

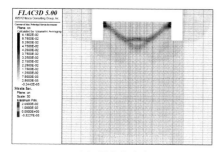

(a) 最大拉应力

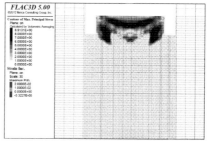

(b) 最大拉伸应变

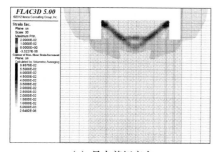

(c) 最大剪切应力

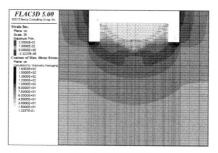

(d) 最大剪切应变

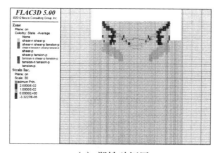

(e) 塑性破坏区

图 2-46 钻进 12mm 结果

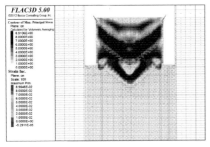

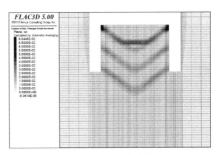

(a) 最大拉应力   (b) 最大拉伸应变

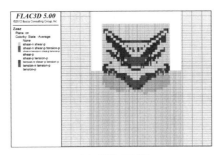

(c) 塑性破坏区

图 2-47　钻进 30mm 结果

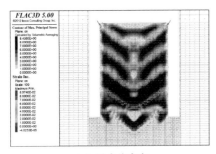

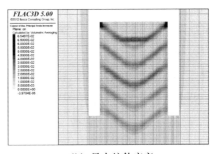

(a) 最大拉应力   (b) 最大拉伸应变

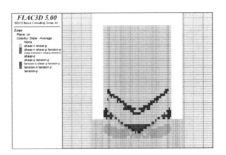

(c) 塑性破坏区

图 2-48　钻进 60mm 结果

Obert、Stephenson 等人建立了饼化与岩石黏聚力的线性关系，据此认为岩芯饼化是由剪切破坏所主导，但从方案 4 分析可知，剪切破坏带的出现阻碍了在前面几个方案中出现的垂直岩芯轴向的拉伸破坏带的产生，从而导致饼化拉伸破裂难以发生。只有当剪切破坏没有成为主要的破坏模式时岩芯饼化才可以产生，而黏聚力的大小是决定岩芯是否发生剪切破坏的关键参量，从这一点可以看出，岩芯饼化与黏聚力大小有关，但并不能据此推出岩芯饼化是由剪切破坏主导。从方案 4 模拟结果还可以看出，岩芯在压剪状态下，内部也能产生拉破坏，这与 Blair、Cook 提到"即使岩石处在受压状态，岩石微观结构的非均质性也会导致局部的拉应力集中"观点一致，岩石在高压缩应力作用下产生塑性剪切流动，使得一部分拉应力被锁在剪切破坏区之间，变成岩芯中的残余拉应力，岩体残余拉伸应力主要分布在岩芯两侧。方案 4 模拟表明，岩芯没有发生饼化并不意味着岩芯内部没有损伤，一些肉眼看不见的局部剪切破坏可能导致岩石的性能劣化，同时也会导致岩石中生成残余拉伸应力，随着时间的增加，残余应力逐渐释放，会导致岩石性能的进一步恶化。

综合上述几个方案可知，岩芯饼化主要是由拉伸破坏主导，拉伸破坏自岩芯中间启动并向两侧传播，在靠近岩芯边缘处具有拉伸和剪切复合破坏的特性，这与前面饼化岩芯破裂面电镜扫描分析结果一致。岩性饼化需要满足以下的条件：①剪切应力必须低于剪切强度；②拉伸应力必须高于抗拉强度。可见岩芯饼化需要满足一些特定参数组合，包括内在参数（剪切强度和塑性流动、拉伸强度与塑性流动等）以及外部环境参数如地应力大小。根据岩芯饼化这一应力强度条件可知，饼化区域岩体的抗拉强度相对其应力状态较低，容易发生拉伸破裂，而抗剪强度相对其应力状态较高，较高的抗剪强度使得岩体能够积蓄大量的弹性能。另外，同样应力状态下拉伸破裂消耗的能量远远低于剪切破裂，使得该区域岩体破裂时能量释放能力增强，因此从岩石自身条件和周围应力条件来看，饼化区域岩体均具备发生较强岩爆的危险。从上述分析还可看出，很难利用岩芯饼化来精确地推测出现场的地应力，只能是粗略地估计。

2.4 小结

（1）通过对现有的研究理论和工程现象总结分析指出深部工程岩体是一个多场、多相、多状态的复杂地质体，可以用应力、温度、熵等状态函数来表征岩体的原位状态，并结合实际工程特点与需要，重点分析了应力场和能量场的特征。同时针对应力应变状态空间分析深部动力灾害响应所存在的一些不足，探讨了以能量演化为主体来构建应力应变与能量密度状态空间以及梯度空间体系，通过现有状态空间的映射来建立相应的本构和准则的可能，从而更加全面的分析深部工程动力响应特征。

（2）通过现场实验观测发现了深部地层岩体的静置舒张与自劣化现象，验证了深部地层岩体在高应力状态下的蓄能特性，也验证了岩石材料由于自身结构的变化会导致积蓄能量的释放。

（3）利用FLAC 3D的应变软化模型模拟了钻孔取芯过程，分析表明受径向应力水平影响，岩芯饼化启动既可以由拉伸破坏开始，也可以由剪切破坏开始，但最终垂直岩芯轴向的饼化裂纹贯穿发展是由中间的拉伸破坏向外缘传播导致，当径向应力较高时靠近岩芯边缘处将产生拉伸和剪切复合破坏。径向应力越高，岩芯内部圆锥形剪切破坏越明显，阻碍了岩芯中部拉伸破坏垂直芯轴平面向外贯穿发展。以莱州地区金矿深部岩芯饼化现象为例，利用电镜扫描岩饼断面发现裂面中部主要是拉伸破坏，边缘部位具有明显的剪切痕迹，在半饼化岩芯中部有孤立裂纹分布，说明饼化裂纹可由自岩芯中部产生并向外缘传播，现场分析与数值模拟结果相互印证。从现场饼化的拉伸剪切复合特征可推知三山岛深部地层具有较高的水平构造应力，饼化区域岩体具备发生较强岩爆的危险。

3 高应力荷载岩石扰动响应特征试验研究

深部岩体在开采扰动作用前，已处于一种较高的应力状态，并储存大量的弹性能量，岩体系统的非线性特性比浅部开采岩体的非线性特性更加明显。由于非线性、尺度效应等深部岩体力学特性，岩体的真实强度难以准确获知，仅凭应力水平难以准确衡量系统的稳定性，如何有效地评价深部岩体系统的稳定性是一个亟待解决的工程难题。实际深部工程中随着工作面和巷道的掘进，周围煤岩体往往经历往复的加卸载扰动，是一个循环的扰动加卸载载体，针对这一开采扰动工程特征，本章通过设计室内岩石加卸载扰动与声发射联合试验，分析岩体在不同原位状态下加卸载扰动过程中的响应特征，并采用加卸载响应比理论来和扰动状态理论来分析岩石在高应力状态受扰动的损伤变化和稳定性特征，建立起扰动响应特征与稳定性状态的相关关系，为识别预测现场冲击危险性提供一定理论和试验依据。

3.1 岩石单轴加卸载扰动响应特征试验

3.1.1 单轴加卸载扰动及声发射试验研究

实际深部工程中随着工作面和巷道的掘进，周围煤岩体经历往复的加卸载扰动，是一个循环的扰动加卸载载体。为了研究高应力状态下扰动荷载对岩体的影响，设计试验如下：首先在岩石单轴加载的过程中使岩石加载到某个荷载，然后在该应力水平施加一个小幅度和周期的循环加卸荷载作为扰动荷载，同时记录整个过程的应力应变及声发射信号，从而获得岩石在不同的应力水平受扰动时的物理状态、稳定情况，通过高、低应力状态下扰动响应的对比分析明确高应力水平下岩体的扰动响应特征。

试验的具体过程及其结果的分析如下：

为了对比岩石在高、低应力水平受扰动后的响应差别，试验设计了两种加载方式，如图 3-1 所示，方案 1 在岩石加载到 20、40、65、90、115、135（kN）时，对岩石进行加卸载的扰动，扰动荷载水平为 ±5kN 的加卸载，加卸载速度300N/s。方案 2 试样与方案 1 为同一截面上的岩石，其强度略低于方案一试样。分别在岩石加载到 10、25、35、50、70（kN）时，对岩石进行加卸载扰动，扰动荷载水平为 ±3kN。可以看出两个方案中随着应力的增大，扰动水平相对于加载应力的幅度在不断减小，扰动相对变小。方案 2 与方案 1 不同之处主要在于最后一个加载起始点选择的是屈服点，这个由应力应变曲线上弹性模量变化，以及声发射特征综合考虑确定。

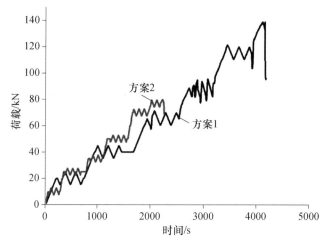

图 3-1　加载方案

图 3-2 所示为试样的应力应变曲线，方案 1 试样的破坏强度为 70.5MPa，其弹性模量 43GPa，屈服点应力 62.7MPa，是峰值强度的 88%，岩石的破坏发生在最后一个加卸载过程之中，当岩石加载到 140kN 后卸载的过程中，岩石应变发生突然增大，表明岩石中以出现较大的裂缝，趋于失稳，当再进行第二个加载时，岩石彻底破坏失稳。方案 2 试样最终的破坏强度 39.3MPa，屈服点 37.55MPa，平均弹性模量 43GPa，破坏发生在最后一个扰动加载到峰值后。

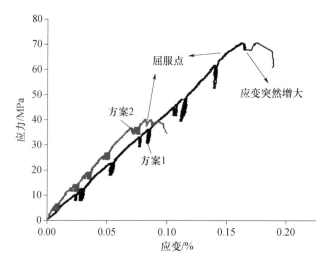

图 3-2　扰动加载过程应力-应变曲线

图 3-3 所示为方案 1 岩石在加载过程中的声发射振铃计数，当应力值在峰值强度 70％以下时，受 Kaise（凯塞）效应影响，卸载时声发射信号不明显；当应力增大至 115kN（峰值强度的 82％）时，卸载过程中也产生声发射信号。其后随着荷载增大，声发射不断增多，说明岩石内部损伤开始增大，微裂隙逐渐增多。在最后一个加卸载过程中，岩石加载至 140kN 时开始出现大量声发射信号，然后再卸载时岩石的应变发生突然增大，表明岩石中产生较大的裂缝，已经开始趋于失稳，而当再加载时，岩石出现宏观裂纹，产生很大的声响，彻底地破坏失稳。图 3-4 所示为方案 2 岩石在加载过程中的声发射振铃计数，当岩石达到屈服强度之后，岩石内部的微裂隙开始显著增加，声发射信号也开始增多，岩石内部微裂缝大量产生，岩石处于不断的变化和破坏中。说明此时岩石处在不平衡的稳定状态，当在此基础之上再增加扰动荷载，将使得岩石中各种破坏活动加剧，直至岩石彻底破坏失稳。

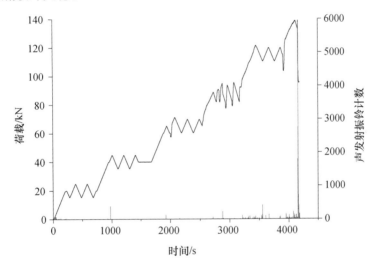

图 3-3　方案 1 加载过程的声发射现象

当岩石处在稳定状态时，小幅的加卸载扰动所产生的声发射数量是很少的，对岩石弹性模量的影响也不明显，即使增大扰动的幅度，在应力尚未达到其破坏应力的 60％时，岩石的破坏也不明显，基本上处在平衡稳定的状态，但当岩石达到临界破坏状态时，微小的卸载行为就能够造成岩石产生很大的应变，声发射急剧增加，岩石开始失稳，其所能承受的应力也开始下降。试验结果说明，当岩石处在极限状态时，较小的卸载活动都有可能使岩石破坏失稳。

图 3-5、图 3-6 所示为方案 1、方案 2 中的岩石与同一钻芯中同一平面上取得的岩石试样应力应变曲线对比，可以看出受扰动岩石的强度要明显低于未受扰动直接加载岩石的强度，尤其是方案 2 中的岩石，其强度降低得更多。

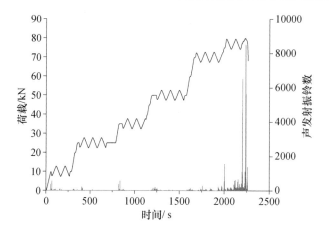

图 3-4　方案 2 加载过程的声发射现象

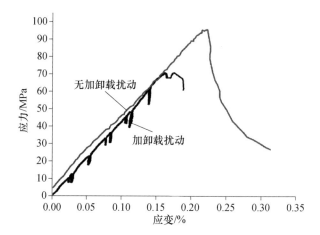

图 3-5　方案 1 中扰动岩石与未扰动岩石的强度比较

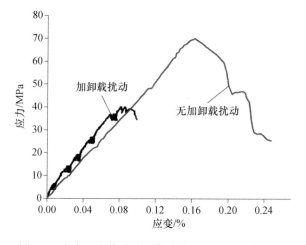

图 3-6　方案 2 中扰动岩石与未扰动岩石的强度比较

通过分析以上两个方案试验结果，可以得出以下的结论：岩石荷载水平在相对比较低的情况下，材料的损伤程度相对来说比较小，内部结构的稳定性相对来说比较高，使得材料的临界敏感性较低，此时的小扰动不会使岩石产生大的破坏，而只会造成其微小的变形增量以及微小的损伤扩展。随着岩石荷载水平的逐渐升高，其内部的损伤以及破坏会开始不断地产生和扩展，虽然此时在其表面上看到的仅仅只是其刚度有所降低，但实际上代表的是材料的内部结构的稳定性正在逐步的下降。而正是由于一方面岩石的荷载水平在不断地升高，而另一方面其所抵抗失稳破坏的能力又不断下降，所以其失稳破坏的可能性就会逐渐地增大，岩石材料的临界敏感性也会不断增加，当继续增大荷载时，岩石就受扰动破坏了。

3.1.2　荷载岩体扰动加卸载响应比分析

加卸载响应比理论（LURR）由我国的尹祥础教授提出，是一种用于非线性系统失稳前兆及失稳预报的新理论，也是一种能够从地下岩石圈所得到的有限的信息量对地震进行预测的新方法。由于采用该理论对 1994 年年初发生在洛杉矶的 6.6 级地震预报取得了成功，从而引起了国内外广大学者的高度关注和重视。加卸载响应比的基本概念如下：非线性系统失稳的基本前兆是系统对加载与卸载的响应差别增大，利用系统的加载响应率与卸载响应率的比值（简称加卸载响应比）可以定量描述非线性系统偏离稳态（或接近失稳）的程度。非线性系统本构关系及其加卸载响应如图 3-7 所示。

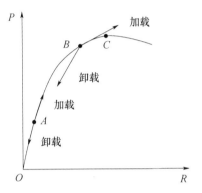

图 3-7　非线性系统本构关系及其加卸载响应

非线性系统在临近失稳时响应率增大是非线性系统失稳前的本质特征之一，由这一特征引起其他一系列特征，例如失稳前涨落的加剧，通常称之为蝴蝶效应，即一个微小的干扰，能产生预料不到的系统状态的戏剧性变化。当然，反过来涨落的加剧又可能进一步触发系统的失稳和关联长度的增大等。当荷载很小时，系统处于稳定状态，这与时间的关系为线性关系或近似线性关系，因此，荷载增量 ΔP 与其相对应的响应的增量 ΔR 的比值 $\Delta R/\Delta P$（称为响应率）是一个常数或者近似常数；若荷载不断地增大，逐渐接近系统的临界值 P_{cr}，即系统趋向不稳定状态之时，其响应率就将随着其荷载不断地增大而增大。当系统失稳的时后有：

$$\lim_{\Delta P \to 0} \frac{\Delta R}{\Delta P} = \infty \tag{3-1}$$

这正是失稳的定义，它说明了在接近系统的失稳时，对哪怕是对系统的极其微弱的加载扰动，都会导致体系产生巨大的响应。因此，对一个非线性系统进行加载，并令其荷载增量 ΔP 保持不变，但由于系统的稳定状态不同（即 P_{cr}/P 的大小不同），其响应率 $\Delta R/\Delta P$ 也不同，$\Delta R/\Delta P$ 越大，系统越接近失稳。

由于 $\Delta R/\Delta P$ 有量纲，若单位取不同，其数值也就不同；这将造成诸多的不方便。故此进一步引入一个无量纲量——响应比。设系统稳态时的响应率为 $\Delta R_0/\Delta P_0$，荷载为 P_1 时的响应率为 $\Delta R_1/\Delta P_1$，定义系统对应于荷载 P_1 时的响应比为：

$$F_1 = \frac{(\Delta R_1/\Delta P_1)}{(\Delta R_0/\Delta P_0)} \tag{3-2}$$

显然当 $P_1 \leqslant P_{cr}$，即系统处于稳定状态时，$F_1 \approx 1$；当 $P_1 \to P_{cr}$，F_1 偏离 1 而逐渐增大，至失稳时，$F_1 = \infty$。因此，响应比 F_1 的大小反映了非线性系统趋向失稳的程度。

理论上，能够反映系统失稳过程的任何地球物理量，都是可以作为响应量的。如在地震学里面通常以潮汐力引起的应变和相关量作为加卸载阶段的响应量，常常用地震的能量做加卸载响应参量，在实验室内，弹性模量、声发射参数（如能量、声发射率等）、变形等均可作为响应参量，通过借鉴加卸载响应比理论，统计不同应力水平下加、卸载过程中出现的相关响应参量，就可以求出不同应力水平加卸载响应比值，得到响应比随应力水平的变化关系。

对于上面的加卸载扰动试验，可以通过每个扰动过程的弹性模量（由于扰动荷载相同，弹性模量可用应变差值代替）来计算加、卸载响应比。从加、卸载应力应变曲线可以看出，岩石处在较为稳定的状态时，卸载产生的应变曲线变化可以基本准确地反映出岩石在此过程中应变随应力的变化情况，但岩石应力经过屈服点，达到非稳定破裂发展阶段后，卸载造成的应变响应与弹性阶段显得大不相同，其弹性模量在卸载段甚至变成负值，这样用弹性模量来求解加卸载响应比就会存在数据上的异常。因此，该试验中这一阶段的加卸载响应比的计算需要要通过其他的响应量进行计算，选用声发射振铃计数率响应量可以很好地求解非稳定破裂阶段的加卸载响应比，但也可以看出由于凯塞效应的影响，岩石在其弹性段的卸载几乎没有声发射信号，因此只能计算有卸载声发射的部分，通过把应变和声发射各自计算所得的加卸载响应比耦合起来，综合反映岩石在该试验中岩石的加卸载响应比变化，计算时加卸载统一取每次扰动的第二个完整加卸载过程计算，可以得到两种方案的加卸载响应比如图 3-8 所示。

从岩浆岩加卸载响应比随水平应力变化的图中可以看出，荷载水平低时岩石的损伤小，岩石加卸载响应比值较稳定，在 1 附近；荷载水平高时岩石损伤大，此时加卸载响应比值就会急剧增加。对于本次试验的岩浆岩试块来说，当加卸载响应比大于 3 时，岩石就接近失稳了。

作为岩浆岩加卸载响应比的对照，选取山东菏泽万福矿区粉砂岩进行单轴加卸载扰动试验，具体试验过程见文献 [165]，通过分级加卸载，在每增加极限

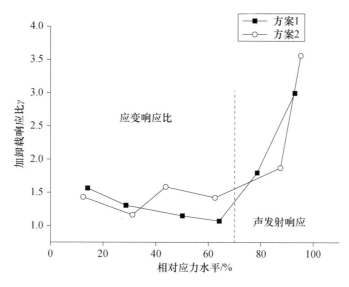

图 3-8　不同相对应力水平的加卸载响应比

强度的 $10\%\sim20\%$ 应力时加卸载一次，加卸载幅度随应力水平而异，在 10MPa 左右。本次分析选取的响应量除了声发射率和弹性模量，还选用了变形比，变形比是指在不同应力水平加、卸载过程中各种不同加载变形量和卸载变形量的比值，它反映了不同变形量随应力和加卸载扰动影响的变化趋势，主要有三类：弹性变形与不可逆变形比、弹性变形与总变形比、不可逆变形与总变形比。以变形比为响应，取不同应力水平加载过程中总的变形和卸载过程中的变形（表现为弹性变形）比值来作为该应力水平的加卸载响应比。三种不同响应量所计算得到的加卸载响应比 γ 随相对应力水平变化如图 3-9 所示。

从图中可以看出，当相对应力水平 $\frac{\sigma}{\sigma_c}<0.63$，时（$\sigma_c$ 为极限强度），三个不同响应量的加卸载响应比 γ 均变化很小，其中以弹性模量和变形比为响应量的 γ 值基本维持在恒值 1 附近，以声发射为响应量的 γ 值基本维持在恒值 0 附近，对应的加载过程中，除了因原生微裂隙压密闭合以及少量裂隙的发育而产生少量微弱声发射外，大部分时间内都没有声发射产生。

当相对应力水平 $\sigma/\sigma_c\in(0.63，0.86)$ 时，γ 值开始产生一定的波动，且在 $\frac{\sigma}{\sigma_c}=0.68$ 时，声发射率加卸载响应比达到一次小的波峰，值为 0.79；在 $\frac{\sigma}{\sigma_c}=0.63$ 时弹性模量 γ 达到一次小的波峰，值为 1.2；在 $\frac{\sigma}{\sigma_c}=0.68$ 时，变形比加卸载响应比达到一次小的波峰，值为 1.14。对在应试验过程中为该点过后，应力开始突然降低，岩石有较大贯通裂纹产生，且伴随着较大的声响，由于控制及时，所以没有出现岩石的整体失稳破坏，分析出现此现象的原因在于试样内部可能存

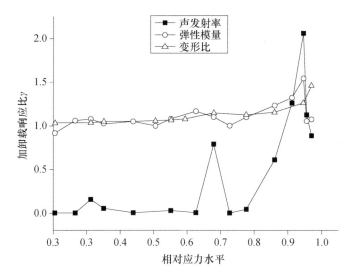

图 3-9　不同响应参量的加卸载响应比变化

在一定缺陷，当应力达到一定水平后，由该部分裂隙的贯通导致。

当相对应力水平 $\frac{\sigma}{\sigma_c} > 0.86$ 时，γ 值的波动逐渐变大，并在 $\frac{\sigma}{\sigma_c} = 0.94$ 时，声发射率和弹性模量加卸载响应比值达到最高值，此时声发射率加卸载响应比为了 2.1，弹性模量加卸载响应比为 1.54，继续加载后应力持续增加，直至破坏，声发射率和弹性模量加卸载响应比值又出现回降趋势，而对于变形比来说一直到 $\frac{\sigma}{\sigma_c} = 0.97$ 时变形比加卸载响应比才达到最大值 1.46，此中没有出现回降趋势。

综合分析可知中低应力水平时，选取三种指标作为参量，均能表现出相似的规律：低应力水平时，加卸载响应比值维持在一个相对恒定的值附近；中等应力水平时，加卸载响应比值开始出现一些小幅度的波动。当应力水平接近破坏极限时，选取声发射率和弹性模量做响应均能得出加卸载响应比值迅速增大至最高值，随即出现明显回落的现象，而以变形指标为响应，可以得出破坏前 γ 值迅速增长，但没观测到回落现象。因此，在选取声发射率和弹性模量作为响应分析时，加卸载响应比急剧增加，并出现回落，即为岩石材料的破坏前兆特征；在选取变形指标做响应时，加卸载响应比值有急剧增加趋势出现就预示着岩石即将失稳破坏。由于在加卸载响应比值回落点和破坏点之间的时间间隔较短，难以把握，可以统一把加卸载响应比急剧增加这一趋势作为岩体失稳的前兆，对于所研究的粉砂岩来说，声发射率加卸载响应比值大于 2 时，岩石就接近失稳了。

综合上述研究可以看出，岩石在处于不同应力水平时的加卸载响应比是不同的，不同岩石在高应力状态下加卸载响应比也是有区别的，但是在岩石处于即将破坏的不稳定状态时，其加卸载响应比会突然增大到一定的值，并且虽然不同的岩石其岩性和极限强度有所不同，但在其临界失稳之前，加卸载响应比急剧增大这一现象是统一存在的。通过扰动加卸载响应比来衡量岩石的稳定状态，可以绕开岩石岩性、应力水平、强度等条件，以一个统一的量值去衡量其所处的原位状态，能更加直观地显示岩体失稳冲击的危险性，为防冲措施提供依据。当然这里所说的绕开不同岩体的强度、岩性、应力水平并不是说不考虑这些因素，而是把这些因素综合起来通过加卸载响应比这个概念统一表现出来。

3.2 岩石三轴加卸载扰动能量响应特征试验分析

传统的弹塑性力学分析采用应力-应变来表征岩石变形破坏过程中的力学响应特点，并据此构建岩石的本构方程以及强度理论。但由于深部岩石本身所承受外载的复杂性和组织结构的不均匀性以及岩石强度的离散性，导致岩石应力-应变关系明显的非线性特征和尺度效应，简单地以应力或应变大小作为破坏判据难以准确分析岩体破坏特性，应力-应变曲线大体相同，试件的破坏形式可能不同，其能量的释放量也完全不同，其产生的工程响应特征也不同。从能量的观点可以更好地描述岩石的变形破坏，尤其是对岩爆、冲击地压等动力响应现象的解释，能够更整体、更全面地考虑各种因素。

能量转化是岩体物理变化过程的本质，变形破坏的过程是一种状态失稳现象，是在能量耗散驱动下进行的。在此过程中，岩体与外界的能量交换始终在进行，包括热能与内能、外部的机械能与应变能的转换；应变能与塑性能、表面能的转换，以及其他能量转换（声发射、电磁辐射、动能），岩体内部的能量变化与其变形破坏是对应的，能量变化包括能量积累、释放及耗散，若外界与岩体没有进行热交换，岩体系统通过弹性能的积累、释放与耗散能的耗散来对外力功产生的能量进行自组织调节，岩体单元中能量的关系如图 3-10 所示。

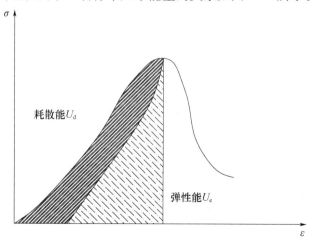

图 3-10 岩体单元中的耗散能和可释放应变能

$$U = U_e + U_d \tag{3-3}$$

式中，U 表示外界能量的净流入，为自组织过程中岩体能量变化量；U_e 表示可释放弹性应变能，受卸载弹性模量及其卸载泊松比直接影响；耗散能记为 U_d，其内部状态的改变符合熵增加趋势，满足热力学第二定律。U_d 可用如下函数表示：

$$U_d = f(U_p, U_s, U_v, U_r, U_b) \tag{3-4}$$

式中　f——U_p、U_s、U_v、U_r、U_b 的一般非线性函数；

U_p——塑性变形对应的塑性势能；

U_s——形成新的表面所耗费的表面能；

U_v——发生破坏后产生的动能；

U_r——各种辐射能；

U_b——其他形式的能量。

从热力学观点来看，在达到一定条件下，单向和不可逆是能量的耗散的特性，双向和可逆是能量释放的特性。宏观上，岩体能量耗散引起损伤，使得岩性劣化和强度丧失，而能量的释放是造成岩体整体突然破坏的内在原因。

3.2.1　岩石三轴加卸载试验

图 3-11 所示为玲珑金矿花岗岩试样三轴循环加载条件下的荷载-位移曲线，试验过程见文献 [169]，试样在循环加载过程中，外载所做的功可用加载曲线下的面积表示，岩石释放的弹性能可用卸载曲线下的面积表示。加载前期，岩体由于相对完好的内部结构，从而具有相对较强的抵御外部荷载能力以及弹性回复能力，大部分的输入能量会以弹性能的形式被储存起来，降低荷载时，表现出较小的加卸载滞回环面积；加载后期，岩体内部结构遭到破坏，承受外载能力降低，降低了其储存弹性能的能力，岩体更多以耗散能的形式释放外载功，以致外载降低的时岩体的弹性回复能力降低，相对应的就是滞回环面积增大。该过程耗散掉的能量为外载总功减去岩样的弹性变形能，也即加卸载曲线之间面积。在图中可以看出，随着外载增大，外载总功增多，岩石的耗散能量也相应增多。

上一节选取变形比为响应量进行加卸载响应比分析，本节选取能量比（即耗散能量与总能量比、耗散能与弹性能比、弹性能与总能量比）进行研究，能量比是指不同应力水平下加载过程和卸载过程各种不同形式能量间的比值，它反映的是不同能量随应力及加卸载影响的变化趋势。本节所采用的变形比主要包括弹性能与耗散能比（弹塑性能比）、弹性能与总加载能比（弹性能比）以及耗散能与总加载能比（耗散能比）三类。选取三轴刚性压缩循环加卸载试验数据（试件 5-3、试件 2-4、试件 1-3）进行处理，分别计算每次加卸载扰动循环下岩石的能量比情况见表 3-1。

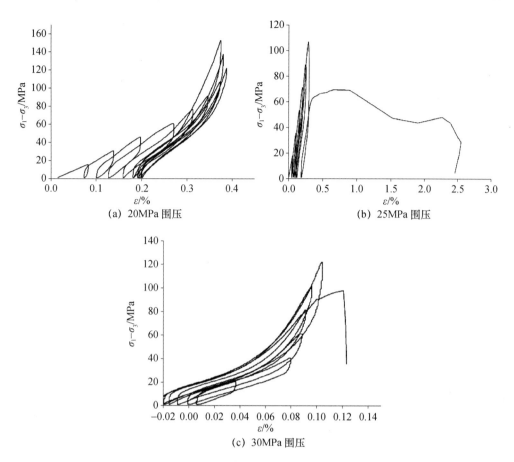

(a) 20MPa 围压　　　　　　　　　(b) 25MPa 围压

(c) 30MPa 围压

图 3-11　花岗岩三轴循环加卸载试验应力-应变曲线

表 3-1　不同围压花岗岩循环加卸载过程中能量比变化

试件 5-3（20MPa 围压）			试件 2-4（25MPa 围压）			试件 1-3（30MPa 围压）		
轴向应力水平/MPa	弹性能比	耗散能比	弹塑性能比	轴向应力水平/MPa	弹性能比	耗散能比	弹塑性能比	轴向应力水平/MPa	弹性能比	耗散能比	弹塑性能比
15	0.051	0.949	0.054	17.5	0.101	0.899	0.112	20	0.338	0.662	0.51
30	0.203	0.797	0.255	35	0.268	0.732	0.367	40	0.630	0.370	1.70
45	0.350	0.650	0.539	52.5	0.381	0.619	0.615	60	0.707	0.293	2.41
60	0.446	0.554	0.805	70	0.479	0.521	0.919	80	0.783	0.217	3.60
75	0.600	0.400	1.497	87.5	0.534	0.466	1.146	100	0.743	0.257	2.89
90	0.690	0.310	2.222	105	0.230	0.770	0.298	120	0.689	0.311	2.22
105	0.792	0.208	3.814								

续表

试件 5-3（20MPa 围压）				试件 2-4（25MPa 围压）				试件 1-3（30MPa 围压）			
轴向应力水平/MPa	弹性能比	耗散能比	弹塑性能比	轴向应力水平/MPa	弹性能比	耗散能比	弹塑性能比	轴向应力水平/MPa	弹性能比	耗散能比	弹塑性能比
120	0.853	0.147	5.783								
135	0.852	0.148	5.750								
150	0.838	0.162	5.166								

由弹性能比与应力水平关系（图 3-12）可知，随着轴向应力水平的提高，弹性能比增大，低应力水平下，弹性能比较低，增速较大；在中高应力水平阶段，弹性能比较高，增速减缓；在临近破坏时，弹性能比有减小趋势，岩石很快破坏。由耗散能比与应力水平关系（图 3-13）可知，随着轴向应力水平的提高，耗散能比减小，在低应力水平时，耗散能比较高，且降低速率较快；在中高应力水平阶段，耗散能比较低，减小速率变缓；在后期高应力临近破坏时，耗散能比有增加趋势，岩石很快破坏。

根据弹塑性能比与应力水平关系（图 3-14）可知，随着轴向应力水平的提高，弹塑性能比增大，低应力水平下，弹塑性能比增率较低，且弹塑性能比小于 1 表明该阶段以能量耗散为主；在中高应力水平阶段，弹塑性能比加速增大，表明该阶段以弹性能量积累为主；在后期高应力水平阶段，弹塑性能比增率变缓，并且在临近破坏时，弹塑性能比有减小趋势，岩石很快就破坏。可以看出弹塑性能比曲线拐点处的应力状态十分特殊，当岩石达到这一应力状态之后，岩石将快速发生破坏。

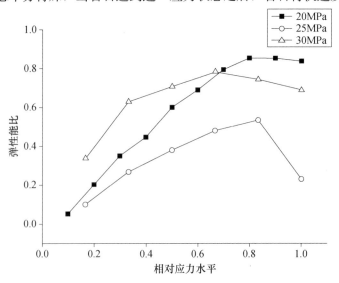

图 3-12　不同围压循环加卸载弹性能比与应力水平关系

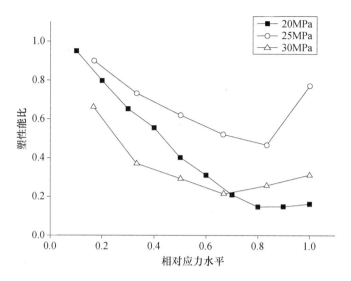

图 3-13　不同围压循环加卸耗散能比与应力水平关系

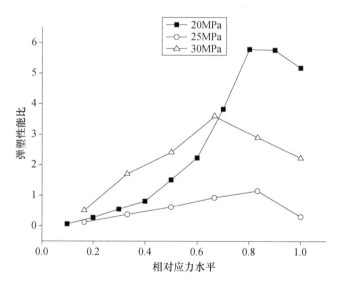

图 3-14　不同围压下循环加卸载过程中弹塑性能量比与应力水平关系

选用加卸载过程的能量比为参量，进一步来揭示不同应力水平加卸载扰动响应比变化特征。对每个加卸载循环而言，取能量比为加载过程的系统的做功和卸载过程的耗散能比值。图 3-15 所示是以耗散能比为响应的加卸载响应比变化曲线，分析可知中低应力水平时，加卸载响应比值 γ 处在一个较低水平，变化较小；中高应力水平时，加卸载响应比值 γ 开始出现加速升高。当应力水平接近破坏极限时，加卸载响应比 γ 值迅速增大至最高值，随即出现明显回落的现象。因此，加卸载响应比 γ 值有急剧增加，并出现回落，即可以表征岩石材料破坏前征，该现象与前面单轴加卸载响应比分析结果吻合。

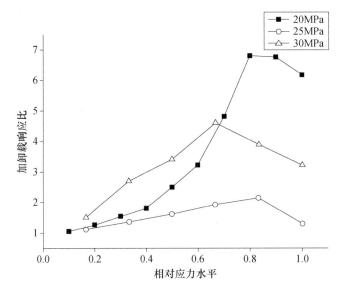

图 3-15　耗散能比为响应的加卸载响应比变化

由上面试验过程中的能量耗散特征可知，不同应力水平下岩体能量的耗散特征是不一样的，因此可以根据岩体应力水平与其极限强度来定义能量状态。令 $K = \sigma_1/\sigma_c$，$(0 < K < 1)$，由试验可知存在一个阈值区间 (K_0, K_1)，当 K 在区间内时，岩体能量处在弹性能的积累状态，称该状态为弹性能量积累状态，在此期间内 K 值越大，积累的弹性应变能越高，此时外界输入的能量大部分转化为岩体弹性应变能，这一能量是可自由释放的；当 K 在此区间外时，其岩体能量以耗散为主，称为能量耗散状态；此时外界扰动输入的能量主要用于耗散能，很少能转化为弹性应变能。因此，对某一岩体来说，不同应力状态下外界对其作用一个能量扰动，所引起的能量转化机制不一样。

3.2.2　能量耗散与声发射响应特征关系

"能量"尽管优势诸多，但在井下直接测定某一区域岩体能量变化是很困难的，尤其是区域尺度较大情况下。因此，要找一个容易测定参数，建立其与岩体能量的对应关系，从而能够用可测参数的测量实现能量间接计算的效果。本质上来讲，岩体变形破裂是在应力作用下微观缺陷或微裂纹形成、扩展、融合、贯通的结果，即材料内部损伤的结果，岩石声发射是其在受载作用下微裂隙的扩展破裂产生的，弹性变形及恢复不会产生声发射，岩体材料本构关系和损伤参量等对岩体声发射有关键影响，岩体声发射是材料的损伤程度的反映，直接相关到材料内部裂隙的演化繁衍，同时岩体其损伤破坏过程也是能量释放耗散的过程，因此可以这样认为：岩体声发射信号的产生与图 3-10 中代表能量耗散的阴影面积存在着某种必然的内在联系，可以通过试验分析建立声发射与耗散能量的关系，从而根据不同应力水平下扰动的声发射响应来判断岩体能量状态。

图 3-16 所示为花岗岩单轴刚性压缩试验应力-时间-振铃累计数曲线，从图中可以看出加载初期，岩石的声发射振铃累计数维持在较低水平，随着应力增加，在加载过峰值强度 60% 后开始，振铃计数率随着应力增加不断升高，越接近峰值强度升高速率越快，声发射表现出呈幂律的加速过程。说明在加载中后期岩石的损伤越来越厉害，而循环加卸载曲线滞回环面积所代表的耗散能在中后期加载阶段呈现增大的特征。

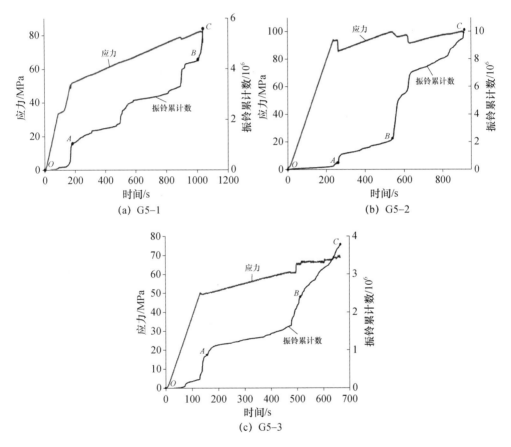

图 3-16　花岗岩单轴刚性压缩试验应力-时间-振铃累计数

图 3-17 所示为三块花岗岩试样在三轴加卸载情况下的应力-时间-振铃累计数和应力-时间-能量累计数关系曲线。

从三轴加卸载声发射特征曲线可以看出，在中低应力水平岩石的声发射振铃累计数和能量累计数均保持缓慢的增长，且维持在一个较低的水平，在加载后期岩石的振铃累计数和能量累计数快速增长。根据花岗岩单轴和三轴压缩破

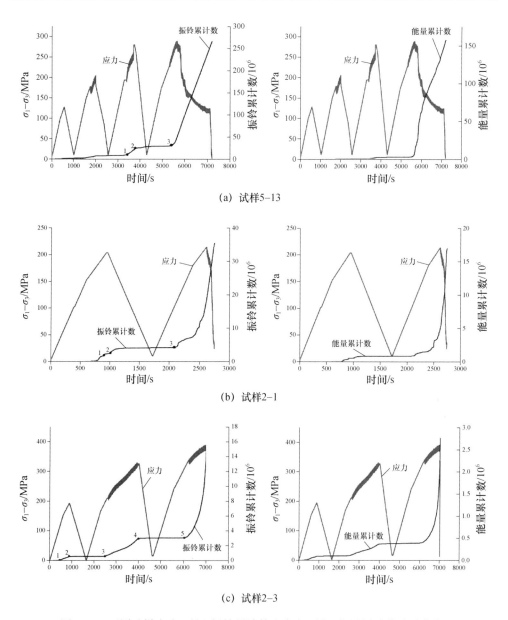

(a) 试样5-13

(b) 试样2-1

(c) 试样2-3

图 3-17 不同试样应力-时间-振铃累计数和应力-时间-能量累计数关系曲线

坏过程中声发射特征分析，可以得出岩石在加载全过程能量耗散趋势是稳步上升的，在峰值荷载附近存在加速上升的趋势。声发射能量累计与对应的耗散能累计有明显的相关性，声发射能够反映岩石试样内部的能量耗散特征，可以通过拟合建立二者之间的关系，通过声发射参数的变化来识别研究岩体内部能量耗散情况。

3.3 基于扰动状态理论的岩体扰动响应特征分析

美国 Desai 教授于 1996 年提出了扰动状态理论（DSC），它是一种分析材料受力扰动过程的本构模拟方法。在扰动状态理论中，材料内部的微结构发生变化由外部作用力引起的材料微结构扰动所导致。由于受到扰动，材料内部微观结构经过自调整或自组织过程从相对完整状态达到完全调整状态。这一扰动过程可用一个函数 D（扰动函数）来描述。扰动因子 D 是一个矢量，对于简单的问题，通常假定其为标量。扰动因子演化方程可有多种函数形式，目前常用的扰动因子演化方程如下：

$$D=D_u\left[1-e^{-A(\xi_D)^z}\right] \tag{3-5}$$

式中，D_u 为岩体扰动因子 D 的极限值，即 D_u 最大趋于 1；ξ_D 为塑性偏应变累计值，是一个内变量，在不可逆热力学中，内变量能够宏观的表征材料内部组织结构的不可逆变化，能量耗散过程表现为广义摩擦主力阻止内变量变化的过程。A、Z 为与密度和力学性能相关的材料参数，其可通过岩样三轴试验获取，在三向应力状态下，A 和 Z 计算表达式如下：

$$A=A_1+A_2\left(\frac{\sigma_3}{p_a}\right)^{A_3} \tag{3-6}$$

$$Z=Z_1+Z_2\left(\frac{\sigma_3}{p_a}\right)^{Z_3} \tag{3-7}$$

式中，p_a 为大气压；σ_3 为围压；A_1、Z_1 为根据经验选定的初始值；A_2、Z_2 为由最小二乘法得到的参数值；A_3、Z_3 取经验值，具体参数确定方法详见文献，A、Z 表达式中含围压，可更加合理地模拟材料在不同埋深情况下的响应。

深部岩体处在高应力状态，由于开采扰动的影响，导致围岩材料内部结构发生变化，强度下降，稳定性发生变化。扰动理论用于分析岩体受开采扰动的影响时，可尝试将不同应力条件下的岩体扰动特征，统一采用扰动因子 D 进行表征，进而可定量对比分析不同应力条件下岩体的稳定性。通过引入扰动状态理论中扰动因子 D 的概念，以岩体塑性变形量、声发射等信息计算扰动函数（即扰动因子），定量分析不同应力条件下岩体受扰动程度。根据前面试验分析可知岩体材料的声发射、变形比、能量比的变化与扰动因子的参与程度有关，因此可以据此来建立扰动因子的演化方程：

$$D=D_u\left[1-e^{-A\left(\frac{\delta_s}{n}\right)^z}\right] \tag{3-8}$$

式中，δ_s 为岩体材料的某一不可逆扰动响应比；n 为常数，作用是使函数自变量的数量级达到达到 ξ_D 具有的数量级水平。对于前面研究的粉砂岩，选取变形比为 δ_s，根据岩样性质及前研究成果，并经参数分析后取 $D_u=1$，$A=1400$，$Z=1.5$，计算得出各不同应力阶段的扰动状态因子见表 3-2、表 3-3。

表 3-2　粉砂岩试样 1 扰动因子

相对应力水平	0.3128	0.5521	0.5945	0.7767	0.9455
变形比	0.0376	0.0533	0.0724	0.1102	0.2056
扰动因子 D	0.2759	0.4200	0.5779	0.8020	0.9839

表 3-3　粉砂岩试验 2 扰动因子

相对应力水平	0.3516	0.5052	0.6798	0.8614	0.9698
变形比	0.0436	0.0611	0.1251	0.1327	0.3147
扰动因子 D	0.3327	0.4876	0.859	0.8823	0.9996

基于变形比计算得到的扰动因子 D 可作为岩体稳定性评价的一个指标，扰动因子 D 越大，扰动对岩体稳定性影响越大，扰动因子能直观、明显地表示出岩体稳定性变化。对本次分析建立的粉砂岩扰动因子来说，当扰动因子大于 0.8 时，岩体开始处于危险状态。扰动因子对于现场围岩的扰动程度评价有重要意义，可以通过现场位移、变形、声发射等信息监测来对岩体受开采扰动的程度进行定量评价。

3.4　小结

本章通过室内岩石力学试验，结合加卸载响应比理论和扰动状态理论，分析了高应力荷载岩体的扰动响应特征：

（1）通过设计室内岩石加卸载扰动与声发射联合试验，对高应力荷载岩石的加卸载扰动响应特征进行分析，获得以下结论：岩石单轴加卸载扰动试验分析发现选取弹性模量、声发射、变形比为响应的加卸载响应比均表现出随应力水平的变化，特别是岩石处于高应力状态快要破坏时，加卸载响应比会突然增大到一定的值，虽然岩石的岩性和极限强度不同，但是在临界失稳前，加卸载响应比急剧增大的现象却是共同存在的，可以通过扰动加卸载响应比来衡量岩体的稳定状态，从而绕开对深部不同岩体的强度，所处应力水平等条件难以准确获知的困难，单纯的以一个统一的无量纲量值来表征岩体的稳定状态。

（2）通过岩石三轴加卸载扰动试验，分析了该过程中的能量响应特征，发现随着轴向应力水平的提高，弹塑性能比增大，低应力水平下，弹塑性能比增率较低，且弹塑性能比小于 1，表明该阶段以能量耗散为主；在中高应力水平阶段，弹塑性能比加速增大，表明该阶段以弹性能量积累为主；在后期高应力水平阶段，弹塑性能比增率变缓，并且在邻近破坏时，弹塑性能比有减小趋势，岩石很快就破坏。弹塑性能比曲线拐点处的应力状态十分特殊，当岩石达到这一应力状态之后，岩石将快速发生破坏，因此这一应力状态对于识别预测岩体的失稳具有重要意义。

（3）通过室内岩石三轴加卸载试验声发射试验分析，发现声发射累计能量与对应的耗散能有明显的相关性，声发射能够反映岩石试样内部的能量耗散特征，可以通过拟合建立二者之间的关系，从而达到利用可测的声发射参数来间接计算能量耗散的效果，为现场能量难以直接获取的难题提供了一个解决方向。

（4）通过引入扰动状态理论中扰动因子 D 的概念分析评价岩体的扰动响应，根据前面试验分析可知岩体材料的声发射、变形比、能量比的变化与扰动因子的参与程度有关，因此以岩体变形量、声发射等可测信息量计算扰动函数（即扰动因子），定量分析不同应力条件下岩体受扰动程度。扰动因子对于现场围岩的扰动程度评价有重要意义，可以通过现场位移、变形、声发射等监测信息来对岩体受开采扰动的程度进行定量评价。

4 基于开采扰动应力状态演化的冲击危险性分析评价

对于矿山而言，采场周边相当尺度区域地层内的构造应力场则是矿震发生的根本动力源泉，地应力既是引起深部开采过程中动力灾害以及工程变形和破坏的根本作用力，也是进行动力灾害预测预报和危险性分析的必要前提条件。所以，如何评价地应力场中应力状态与深部动力灾害发生之间的关系是进行危险区域预测的重要基础。本章从基本强度理论出发，采用莫尔-库仑原理推导出了描述岩石应力状态的新指标——W_σ，并采用该指标对开采前的三维地应力场状态进行评价，统计分析其与煤矿开采中冲击地压灾害的关系，划分动力灾害危险区，为地下工程灾害的防治提供参考。

4.1 冲击危险性概念

各国学者在对冲击地压现场调查及实验室研究分析的基础上，从不同角度提出了一系列的重要结论以及一些判据。在冲击地压预测研究中，冲击倾向性理论是被广泛采用的方法。冲击倾向性是岩石自身的一种材料属性，同时冲击地压发生是与岩石所处的应力状态相关的，在反映应力状态这一影响因子上，冲击倾向性理论是局限不足的，因此描述冲击危险性需要引入新的概念。

研究表明，冲击地压发生要具备三个基本条件：第一，发生冲击类灾害的岩石其本身需具备冲击倾向性这一属性；第二，当在应力场中的岩体所处应力状态达到某种极限状态时才会发生冲击破坏；第三，是岩石（或岩体）本身必须具备赋存高应变能的能力，采场围岩的应力环境能够为其提供高应变能。

为了研究不同应力水平下岩体发生冲击地压的危险性，评价由于开采扰动而引起的发生冲击地压灾害可能性的变化，以现有冲击倾向理论为基础，通过大量实验，提出了冲击地压的"冲击危险性"的概念。

冲击危险性：冲击危险性是指冲击倾向性相同的岩石材料，在不同应力状态下发生冲击地压灾害的可能性。原始地应力场中的岩体由于其本身材料属性和外界受力影响下也具备冲击危险性，只是这种状态下的冲击危险性程度较低，当受到开采（开挖）扰动作用时其受力状态发生转变，引起冲击危险性的变化，造成某局部域岩体冲击危险性提高达到极限发生冲击破坏。因此，冲击危险性是与岩石本身材料属性以及其受力状态是密切相关的。

对于由于开采（开挖）扰动而引起的应力状态的改变，必然引起发生冲击地压灾害危险性的改变。如果将某种岩石材料在某一应力状态下所具有的发生冲击的危险性定为该应力状态下的危险性势，则岩石材料在某一应力状态的变化，必然对应着相应的危险性势的改变。

对于具有冲击倾向性的岩石材料，在某一应力水平时所具有的冲击危险性势函数为：

$$M = F(X, \sigma, T) \tag{4-1}$$

即冲击危险势可以表征为空间、时间及应力状态的函数。

则当受到开采（开挖）扰动作用而导致应力状态发生变化时，引发冲击地压灾害可能性的变化，就是冲击危险性势的改变。

冲击势：对于具有冲击倾向性的岩石材料，在发生冲击地压冲击时所具有的冲击能力的大小为该岩石在该应力状态下所具有的冲击势。则可定义冲击势函数为：

$$D = f(X, K, \sigma, T) \tag{4-2}$$

即冲击势同样可以表征为时间、空间、应力状态及岩石本构参数的函数。显然，冲击倾向性及冲击倾向性指标均是冲击势的具体表征。

相应地，由于空间变化而造成的冲击危险性改变即为：

$$m = \frac{\partial D}{\partial X} = \frac{\partial F}{\partial X} \tag{4-3}$$

由于应力状态变化而引发冲击的危险性的改变即为：

$$m = \frac{\partial D}{\partial \sigma} = \frac{\partial F}{\partial \sigma} \tag{4-4}$$

由于时间变化而引发冲击的危险性的改变为：

$$m = \frac{\partial D}{\partial T} = \frac{\partial F}{\partial T} \tag{4-5}$$

在开采过程中，工程围岩内部的应力状态和区域应力场随着开采的进度而不断变化，因此，诱发冲击地压灾害的危险性也不断变化。这种危险性变化可以通过定量分析同一位置不同时间、同一时间不同位置之间的危险性大小来体现，据此，本文研究中主要根据空间中地应力场的调整来深入研究其引发的冲击危险程度的改变。

4.2 基于应力状态的冲击危险性评价方法

地下工程中岩体的初始应力状态是发生岩体失稳破坏的重要影响因素，一般以地层中应力场的最大主应力、主应力方向、应力集中程度描述地应力场状态，判断可能发生破坏的危险区域。但了解这些因素还不能够完全确定危险区域是否容易发生破坏，例如，在高应力区，如果岩体处于三向受压状态未必产生破坏，而在低应力区，如果应力处在最不利的拉压组合状态下也可能易发生破坏。因此，需要一个指标来描述某一应力状态下主应力的组合方式，进而确定应力状态接近破坏极限的程度。

4.2.1 三维应力状态评价指标的建立分析

岩石强度理论中以岩石所处应力状态为参量研究其与岩石破坏的关系，当其所处应力状态越接近极限应力状态则其发生破坏的可能性越高。随着其应力状态趋向极限，发生冲击的危险性也就越高。众多强度理论中，莫尔-库仑强度理论是岩石力学中应用最广泛的强度理论之一，该理论认为岩石是在不同的正应力和剪应力组合作用下丧失承载能力，岩石的强度值与中间主应力的大小无关，如图 4-1 所示。

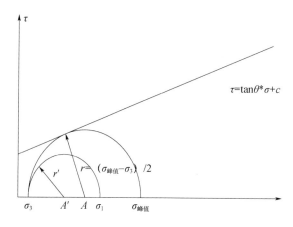

图 4-1　莫尔应力圆与应力状态

莫尔-库仑强度理论数学表达式为（4-6）：

$$\tau = c + \sigma\tan\theta \tag{4-6}$$

式中，τ 为正应力 σ 作用下的极限剪应力（MPa）；c 为岩石的内聚力（MPa）；θ 为岩石的内摩擦角（°）。

图 4-1 所示为莫尔应力圆与强度包络线的几何关系，从图中可以得出当最小主应力 σ_3 确定的时候，依据几何关系可得出必存在唯一的最大主应力峰值 σ_1 与最小主应力 σ_3 所组成的极限应力圆与强度线相切。

在此，设岩石处在某一应力状态（σ_1，σ_3）下，定义一参数 W_σ 来表征应力状态与极限应力状态在图 4-1 中的几何关系，见式（4-7）：

$$W_\sigma = \frac{r'}{r_0} = \frac{\sigma_1 - \sigma_3}{\sigma_{峰值} - \sigma_3} \tag{4-7}$$

式中，r_0 为与直线相切极限状态的莫尔应力圆半径，r' 为某一应力状态下的莫尔应力圆半径，W_σ 为某一应力状态下莫尔应力圆与极限状态下应力圆的半径之比。由图示几何关系可知，W_σ 越小，莫尔圆越偏离强度线，岩石发生破坏所需的扰动越小；W_σ 的物理意义反映的是一种相对应力状态，即应力状态与极限应力状态的关系。W_σ 值越大，越接近极限状态，稳定性越差。

为量化这一参数，通过图 4-1 所示关系对式（4-7）求解，得出了 W_σ 数学计算式为（4-8）：

$$W_\sigma = \frac{(\sigma_1 - \sigma_3)}{\left\{\dfrac{\xi\left[\sigma_3\left(\sqrt{\tan^2\theta+1}+\tan\theta\right)+2c\right]}{\sqrt{\tan^2\theta+1}-\tan\theta}-\sigma_3\right\}} \tag{4-8}$$

式中，σ_1 为最大主应力；σ_3 为最小主应力；c 为内聚力；θ 为内摩擦角；ξ 为 $\sigma_{峰值}$ 系数，为 $\sigma_{峰值}/\sigma_{理论峰值}$。

从解析推导过程中发现，基于莫尔-库仑强度准则建立的参量 W_σ 表征了某一应力状态下主应力之间的组合方式以及这种组合方式下其应力状态接近极限状态的强度。

单轴压缩：当 $\sigma_3 = \sigma_2 = 0$，$\sigma_1 > 0$ 时，岩石处在单轴压缩情况下，

$$W_\sigma = \frac{\sigma_1}{\sigma_{峰值}} \tag{4-9}$$

$\sigma_{峰值}$ 为岩石的单轴抗压强度。

单轴拉伸：当 $\sigma_3 = \sigma_2 = 0$，$\sigma_1 < 0$ 时，岩石处在单轴拉伸情况下，

$$W_\sigma = \frac{\sigma_1}{\sigma_{峰值}} \tag{4-10}$$

$\sigma_{峰值}$ 为岩石的单轴抗拉强度。

三向受压：当 $\sigma_1 > \sigma_2 > \sigma_3 > 0$ 时，岩石处在三向受压情况下，$0 \leqslant W_\sigma \leqslant 1$，当 W_σ 为 0 时说明岩石处在三向等力压缩情况，无论应力值有多高，其状态是稳定的；当 W_σ 为 1 时，应力状态达到极限状态，这种情况下主应力组合下最不利，岩石发生破坏；当 W_σ 从 0 向 1 变化时，岩石从稳定状态向失稳状态过渡，这期间岩石经历弹性阶段、塑性阶段、破坏阶段，由于岩石材料的脆性性质，当其越接近 1 时，同样扰动条件下，其发生破坏的可能性越大。

受压与拉伸组合：$\sigma_1 > \sigma_2 > \sigma_3$，$\sigma_3 < 0$，$\sigma_1 > 0$，在受压与拉伸应力组合下，岩石材料最容易破坏。

无论是单轴压缩、单轴拉伸、三向受压、受压与拉伸组合下的应力组合，W_σ 都能表现出其接近极限的程度，当 W_σ 越接近 1，岩石越接近破坏极限，稳定性越差。由莫尔-库仑强度理论衍生而来的参量 W_σ 能够描述岩石材料在各种应力组合状态下其接近破坏极限的程度。

4.2.2　应力状态评价指标的三轴试验研究

试验选用具有冲击倾向性且强度高、耐循环测试的二长花岗岩为试验材料，岩样取自山东招远矿区地质钻孔，深度为 $-600 \sim -1100\text{m}$。试样加工严格按照

国际岩石力学试验建议的方法（IRTM）进行，试件规格为 $\phi50\times100mm$ 圆柱体试件。试件表面光滑，没有明显缺陷，并对其两端进行了仔细研磨，不平行度和不垂直度均控制在±0.02mm 以内，以免岩样在加载过程中受到偏压造成应力集中而影响试验结果，试样如图 4-2 所示，试样信息见表 4-1。

图 4-2　试样

表 4-1　三轴循环加卸载试验岩样信息

岩性	试件编号	采样高程/m	直径/mm	高度/mm	试验方法
花岗岩	G5-3	−621	50.00	97.55	三轴循环加卸载
花岗岩	G2-2	−1041	50.00	99.24	三轴循环加卸载
花岗岩	G5-4	−697	50.00	98.79	三轴循环加卸载

岩石三轴压缩试验采用长春市朝阳仪器有限公司生产的 GAW-2000 微机控制电液伺服岩石三轴试验机，采用西德产 30 吨压力传感器和日本进口 7V07 程序控制记录仪进行数据记录，该试验机是岩石力学领域研究岩石在多种环境下力学特性及剪切特性的先进试验设备。

试验步骤

放置试件，连接刚性机系统，试验开始。当压力机接触试块时开始记录，施加围压至要求初始应力状态，保持不变，施加轴向荷载；加载速度为 500 N/s，进入屈服阶段之后，采用轴向变形控制加载，变形控制的控制速度 0.006～0.012mm/min，以保证试验能顺利进行，直至试验最终结束。按照循环要求，循环加卸载至试样破坏，应力路径如图 4-3 所示，循环加卸载加压应力水平见表 4-2。

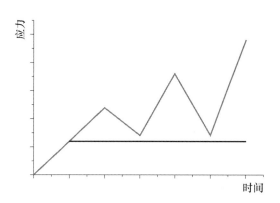

图 4-3　三轴刚性循环加卸载试验应力路径

表 4-2　三轴刚性压缩循环加卸载加压应力水平表

编号	加载方式	围压/MPa	加载路径/kN
G5-3	三轴循环加卸载	20	0-35-0-70-0-105······破坏
G2-2	三轴循环加卸载	25	0-40-0-80-0-120······破坏
G5-4	三轴循环加卸载	30	0-45-0-90-0-135······破坏

试验结果

经过对 3 个试件进行三轴循环加卸载试验后，获得了岩石破坏过程的全应力应变曲线，如图 4-4、图 4-5、图 4-6 所示。

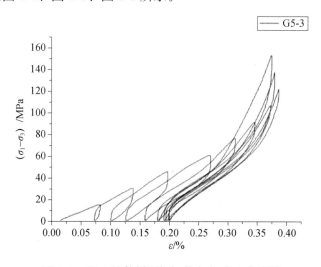

图 4-4　G5-3 试件循环加卸载应力-应变曲线图

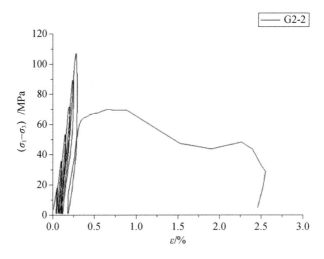

图 4-5　G2-2 试件循环加卸载应力-应变曲线图

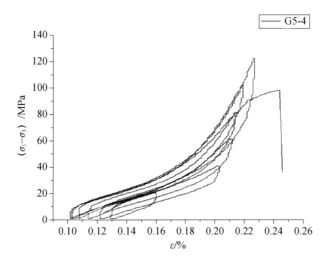

图 4-6　G5-4 试件循环加卸载应力-应变曲线图

三组试验数据统计见表 4-3。

表 4-3　三轴刚性压缩循环加卸载试验数据统计

编号	围压/MPa	循环次数	峰值应力/MPa	应变/%
G5-3	20	10	170	0.387
G2-2	25	6	130	0.296
G5-4	30	6	150	0.251

所选 3 个试件全应力应变曲线完整，符合刚性压缩试验力学规律，试验数据有效。

W_σ 与冲击危险性相关性分析：

根据上述试验结果和冲击危险性应力指标和弹性能指数计算方法，计算各岩石试样在不同应力条件下 W_σ 与弹性能指数 W_{et} 值，分析岩石应力状态与冲击危险性的关系的关系，见表 4-4：

表 4-4　岩石在不同围压下循环加卸载过程中 W_σ 与 W_{et} 值

试件编号	G5-3（20MPa）			G2-2（25MPa）			G5-4（30MPa）		
加卸载序号	σ_1/MPa	W_σ	W_{et}	σ_1/MPa	W_σ	W_{et}	σ_1/MPa	W_σ	W_{et}
1	35	0.10	0.054	42.5	0.17	0.112	50	0.17	0.51
2	50	0.20	0.255	60	0.33	0.367	70	0.33	1.7
3	65	0.30	0.539	77.5	0.50	0.615	90	0.50	2.41
4	80	0.40	0.805	95	0.67	0.919	110	0.67	3.6
5	95	0.50	1.497	112.5	0.83	1.146	130	0.83	2.89
6	110	0.60	2.222	130	1.00	0.298	150	1.00	2.22
7	125	0.70	3.814						
8	140	0.80	5.783						
9	155	0.90	5.75						
10	170	1.00	5.166						

根据表 4-4 数据，绘制 σ_1-W_{et} 关系图、W_σ-W_{et} 关系图，如图 4-7、图 4-8 所示。

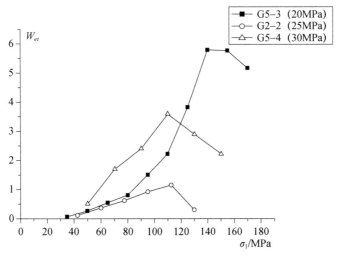

图 4-7　σ_1-W_{et} 关系曲线

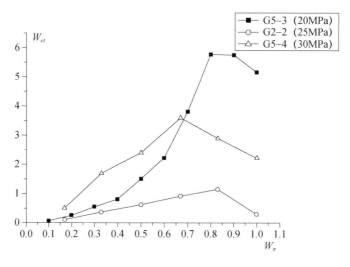

图 4-8　W_σ-W_{et}关系曲线

观察 σ_1-W_{et} 关系图：不同应力条件下岩石的弹性能指数在 $1.15\sim5.78$ 范围内变化，根据表 4-4 可以得出该岩石的岩爆冲击倾向性为弱冲击到强冲击。随着最大主应力水平的提高，弹性能指数增大。在前期 σ_1 较低阶段，弹塑性蓄能比增率较低；在后期 σ_1 较高阶段，弹塑性蓄能比增率较高；在临近破坏时，弹塑性蓄能比有减小趋势，岩石很快破坏。由以上规律可以得出，随着 σ_1 增大，W_{et} 值增大，增率也增大；当 W_{et} 增长到"峰值"之后减小，弹塑性蓄能比小幅度减小之后，岩石发生破坏。因此，σ_1-W_{et} 关系曲线拐点处的应力状态具有重要意义，当岩石达到这一应力状态后，岩石将快速向失稳状态发展发生破坏。但是，通过试验中 3 个试件就可以发现不同的 σ_3 对应的 σ_1 峰值是不同的，曲线拐点处的 σ_1 分散区间（$95\sim140$MPa）很大，因此在反应冲击危险性方面不具有统一代表性。

观察 W_σ-W_{et} 关系图：随着 W_σ 值增长 W_{et} 伴随变化，规律与图 4-7 中 σ_1-W_{et} 关系图类似，随着 W_σ 增大，W_{et} 值增大，增率也增大；当 W_{et} 增长到"峰值"之后减小，弹塑性蓄能比小幅度减小之后，岩石发生破坏；与之不同的是曲线拐点对应的 W_σ 分布在 $0.67\sim0.83$ 之间，分散区间相对集中，这表明用 W_σ 来表征岩石冲击危险性具有统一代表性。

岩石不是均质各向同性材料，而是一种损伤材料，从岩石的受力破坏过程分析，在较低应力状态水平下，岩石是发生弹性形变为主，随着应力水平提高到一定程度时，岩石体内部将会产生损伤破坏，高应力状态阶段损伤裂缝发展加速，临近极限状态时裂缝迅速贯通破坏。W_σ 的物理本质意义是反映岩石受力破坏过程中各时点应力状态的参量，W_σ 值的大小直接与岩石稳定性相关，如试验所示，在 W_σ 值较低时（$0\sim0.67$）岩体是很稳定的；当达到一定量级（$0.67\sim0.83$）时岩石内部损伤加剧开始向失稳破坏方向发展；临近破坏阶段（$0.83\sim1.00$）时岩石内部损伤裂缝迅速贯通，岩石自身保持稳定性迅速下降，处于失稳状态，这也是最危险的阶段。

这样，反映岩石应力状态的 W_σ 与 W_d 及岩石稳定状态关系表明，用 W_σ 作为评价岩石冲击危险性判据是合理的。

4.2.3 基于应力状态的岩体稳定性危险等级划分

试验资料研究表明，岩石受力破坏过程中一般经历弹性阶段—塑性阶段—破坏阶段，一般情况下材料在应力平均达到 70% 左右的时候开始产生扩容现象，即岩石内部损伤裂纹开始发展，材料进入塑性发展阶段时期，内部裂纹进一步贯通，最终导致岩石整体破坏失稳。遵循岩石破坏这一物理过程，综合本文中试验结果和已有研究成果给出冲击危险性应力指标作为判据的取值范围，根据 W_σ 将岩体稳定性划分为 5 个等级，划分依据见表 4-5。

表 4-5　基于莫-库应力的岩石稳定性等级划分表

莫-库应力	0~0.4	0.4~0.6	0.6~0.7	0.7~0.8	0.8~1.0
岩石稳定性	稳定	较稳定	中等稳定	较低稳定	低稳定

稳定：岩石处于受力初级阶段和变形弹性阶段前期，破坏还需要大的外力作用，安全，危险等级最低。

较稳定：岩石处于变形弹性阶段后期，破坏需要较大的外力作用，偏安全，危险等级较低。

中等稳定：岩石处于变形弹性与塑性过渡阶段，内部损伤裂纹开始产生，偏危险，危险等级中等。

较低稳定：岩石处于变形塑性发展阶段，内部裂纹发育速度加快，破坏需要较小的外力作用，偏高危险，危险等级较高。

低稳定：岩石处于变形塑性发展和临界破坏阶段，内部裂纹快速发育贯通，破坏需要较小的外力作用，危险等级最高。

4.3 基于应力场时空变化的冲击危险性分析

W_σ 越高的岩体，其达到失稳破坏所需要的外部扰动门槛值越小，也就是说其受到外部扰动因素发后越容易达到极限破坏状态，进而越容易引发相应的地下工程动力灾害。基于此，可将 W_σ 这一新参量引入到初始地应力场的评价当中，表征应力状态危险等级的分布情况，进而为人类工程活动提供必要的地质环境信息并预测工程活动可能产生的地质动力效应。下面选取典型褶皱构造发育的甘肃省华亭煤田作为研究背景，对区域内的地应力场进行评价分析，划分动力灾害危险区，通过对冲击地压事件的统计分析，验证该方法的有效性。

4.3.1 华亭煤田区域地质背景分析

华亭煤田地处六盘山东麓，鄂尔多斯地块之西南缘或是西缘断褶带的南端。该区域恰好位于六盘山西缘大断裂、鄂尔多斯盆地西缘逆冲带和青铜峡-固原大断裂的交汇区域，地质环境复杂，如图4-9所示。

华亭煤田呈"南东型构造形态、东缓西陡、中间宽缓、南北两段收敛"的纺缍形复式不对称向斜构造，如图4-9所示。处于我国大地质构造的东西构造分区的枢纽地带，由于长期受区域上南西-北东向以及东西向的挤压作用，尤其是受印支运动后的燕山运动影响，承受来自西南方向的主动挤压应力而形成现今地质构造环境。

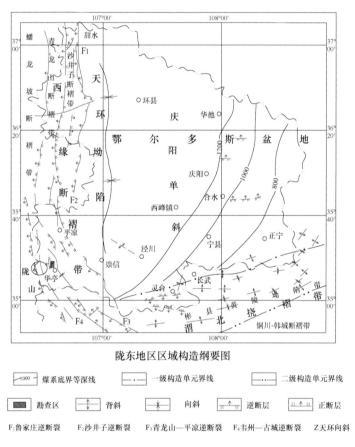

陇东地区区域构造纲要图

图 4-9　区域地质构造分布图

通过对煤田区域地质环境的调查和分析，确定井田构造复杂程度为二类（中等构造），煤层厚度、倾角沿褶皱走向和倾向发生变化，褶皱构造对赋存煤系结构的改造、破坏和定型起主要控制作用。

4.3.2　华亭煤田应力场、能量场及地质动力特征

华亭煤田区域内有华亭、砚北、陈家沟、山寨四个矿井同时进行开采工作，受地质条件和开采条件等众多因素的影响，随着开采量和开采深度的增加，矿井内多次出现冲击地压现象，尤其以华亭、砚北两矿井最为严重。通过对来压事件的数据分析，区域内的冲击地压多显现为底板来压型，能量级别高，破坏严重，因此，研究提取了煤层底板岩层的地应力信息进行分析，绘制了最大主应力场和岩体弹性能分布图，如图 4-10 和图 4-11 所示，并计算了该区域的应力集中系数 K（最大主应力与垂直应力比值），以此来划分高应力区（$K>1.2$）、应力梯度区（$0.8 \leqslant K \leqslant 1.2$）、低应力区（$K<0.8$），绘制了地质动力区划分布图，如图 4-12 所示。

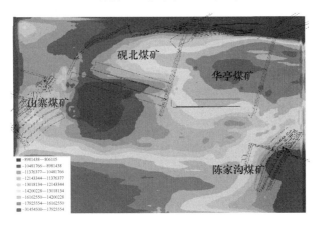

图 4-10　最大主应力分布

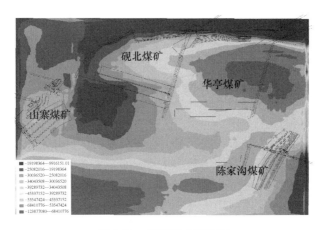

图 4-11　岩体弹性能分布

观察图 4-10 和图 4-11 可获得岩体最大主应力与弹性能特征：区域最大主应力与岩体弹性能分布规律类似，两者分布与底板构造形态及埋深密切相关，向斜轴内

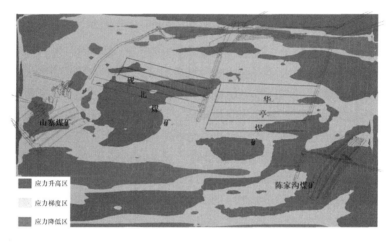

图 4-12　地质动力区划特征分布图

最大主应力和弹性能富集程度高，背斜轴附近富集程度低，在褶皱翼部呈过渡趋势；埋深大的地区最大主应力和弹性能富集程度低，埋深小的地区富集程度低。

观察图 4-12，地质动力区划特征分布：受褶曲构造控制形成的华亭煤田地区，区域整体上地质动力特征明显，矿区内只有 28％地区处于低应力区，近72％地区处于高应力梯度区和高应力区，在褶曲构造轴部和构造发育变化剧烈的煤层部位构造应力控制为主，应力集中程度与构造的分布基本一致。其中，华亭煤矿与砚北煤矿整体上处于高应力或高应力梯度区，在该类区域，岩体应力程度范围变化幅度大，同时煤层埋深大，赋存弹性能高，因此高应力及高地应力差是造成该类区域巷道底鼓、顶板破碎、矿压显现明显等动力现象的主要原因。

4.3.3　基于华亭煤田底板应力状态的冲击危险区域评价

基于 W_σ 分析的冲击危险区域分布：根据式（4-8），计算底板 W_σ，并根据其划分冲击危险区，分布情况如图 4-13 所示。W_σ 与底板岩层构造形态密切相关，在向斜轴和背斜轴附近 W_σ 值最高，褶皱翼部 W_σ 值稍低，在地层平缓地区 W_σ 值最低。

对比最大主应力、岩体弹性能、W_σ 的分布图，可见，在最大主应力或岩体赋存能量富集程度高的区域其应力状态未必是危险程度最高的，同样最大主应力或岩体赋存能量富集程度低的区域应力状态未必危险程度最低。因为从理论上讲，应力状态的危险程度由应力大小和组合方式两者共同决定；如果岩石处在三向等力压缩时，无论力有多大，积聚能量有多高，其应力状态都是稳定安全的；如果岩石处在最不利的压缩拉伸组合状态时，则无需太大的力和太高的能量即可破坏，应力状态是最不稳定不安全的。因此单独靠最大主应力、能量单个参量的变化来判断危险程度是不够完备的，而 W_σ 考虑了应力组合方式在里面，则能够

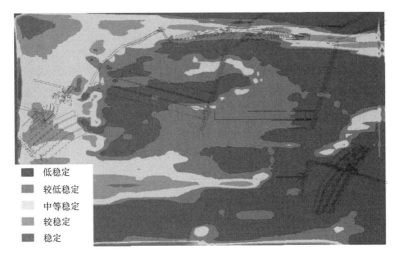

图 4-13 基于应力场的冲击危险（稳定）区域分布图

弥补这一不足。

再对比基于应力集中系数划分的地质动力区划特征分布图和基于 W_σ 划分的冲击危险区域图，能够发现，地质动力区划的三级特征分布能够描述出应力的集中程度，其在分布趋势上与 W_σ 较为接近，从 $K = \dfrac{\sigma_1}{\gamma H}$ 的计算式看，其也体现出了应力状态的组合方式，只是其只单纯考虑了最大主应力与垂直应力的关系，而 W_σ 则是从强度理论出发、以三维应力状态为基础，其物理意义更为合理。

为进一步说明或验证 W_σ 分布与冲击动力灾害发生的关系，研究选取 2011 年 4 月至 2012 年 12 月发生在砚北煤矿和华亭煤矿的冲击事件进行分析，利用 GIS 软件，将冲击事件以圆点形式投影至华亭煤田巷道模型内，对其发生特征与基于 W_σ 划分的应力危险区的关系进行分析。如图 4-14 所示，图中圆点大小代表冲击地压级别大小，圆点越大冲击级别越高。

砚北煤矿：这段时间内该矿的工作状态为 250204 工作面回采工作和 250203 工作面巷道掘进工作，期间受回采影响 250204 工作面内共发生 42 次冲击事件，受掘进影响 250203 工作面内共发生 40 次冲击事件。

华亭煤矿：工作状态为 250104 工作面回采工作和 250105 工作面巷道掘进工作，期间受回采影响 250104 工作面内共发生 9 次冲击事件，受掘进影响 250105 工作面内共发生 31 次冲击事件。

图 4-14 和表 4-9 数据表明，大部分冲击事件发生在了高危险区和较高危险区范围内，其中砚北煤矿 25204 工作面靠近背斜轴附近的冲击事件分布位置与高应力危险区分布走向高度保持一致。这说明冲击地压事件的空间分布与基于 W_σ 划分的危险等级密切相关，呈现以下特征:1)冲击事件多分布在高危险区和较高

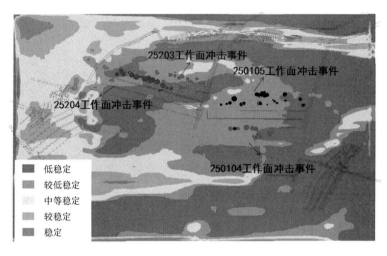

图 4-14 冲击地压事件与 W_σ 稳定分级关系图

表 4-9 来压事件统计分析

工作面	低稳定	较低稳定	中等稳定	较稳定	稳定	总计
250203	21	15	4	0	0	40
250204	34	8	0	0	0	42
250104	3	6	0	0	0	9
250105	4	27	0	0	0	31

危险区；2）冲击事件分布趋势与危险区分布及走向趋势相一致；3）危险级别越高的地区，一般冲击事件的级别越高。

4.3.4 冲击危险性时空演化过程讨论

总结深部矿山开采中基于应力状态的冲击危险性分析过程，如图 4-15 所示，以莫尔-库仑准则为基础的动力灾害危险区划分方法，蕴含了岩石材料信息（强度、泊松比、弹性模量）、空间地质信息（地形地貌、地层、地质构造等）、实测地应力等多维信息；在此应力场基础上建立的莫-库应力则综合考虑了内聚力、内摩擦角、最大主应力、最小主应力之间的综合关系。

再通过对采用 W_σ 划分动力危险区内的冲击地压事件进行统计分析表明，采用该方法能够为冲击地压这一类地下工程动力灾害提供合理的危险性预测，W_σ 越高的地区，在开采过程中发生动力灾害的危险程度越高，因此根据基于莫尔-库仑准则建立的 W_σ 进行动力灾害危险区划分是有效可行的。

但是，上述冲击危险性分析中仅考虑了空间中静态的应力场的特征，随开采的进行，虽然理论上应力场的演化过程通过数值模拟技术也是可以近似获得的，

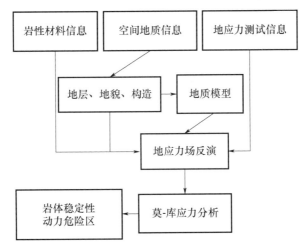

图 4-15　基于应力状态的动力危险区分析方法图

但冲击危险性或冲击势的时空演化过程中，如式（4-5）所示，其中岩石的力学参数也是在变的。采场、巷道及临近采空区区域的煤岩体由于开采过程中的扰动作用，其内部细观结构已发生改变，尤其强度在经历局部应力场的加卸载或重复加卸载之后已大大改观，虽未达到相变的程度，但其力学性能已发生改变，而这是目前数值模拟过程中尚未解决的问题。所以获取矿山岩体中冲击危险性的时空演化过程，还需要在上述评价方法上，通过继续研究，获取区域应力场真实演化过程和该过程中的岩体力学参数的量化变化特征。

4.4　小结

（1）在冲击倾向性理论的基础上提出了冲击危险性的概念，是指冲击倾向性相同的岩石材料，在不同应力环境下发生冲击地压灾害的可能性，灾害的发生受岩石自身冲击性质、构造环境、应力环境、赋存能量等多方面因素影响，而冲击势是关于时间、空间、应力状态及岩石力学参数的函数。

（2）基于强度理论，建立了基于莫尔库伦准则的冲击危险性应力评价指标 W_σ，其物理本质上反映的是岩石破坏前弹塑性阶段某一应力状态下岩石材料体接近极限破坏强度的程度。包含岩性材料信息（强度、泊松比、弹性模量）、应力环境信息（最大主应力、最小主应力），而应力信息内部又蕴含了地形、地层、岩石物理力学参数、地质构造、煤层特征等多种信息，能够较为综合地反映出井田区域地层中岩体冲击危险性特征。

（3）W_σ 可以表达单轴压缩、单轴拉伸、三向受压、压缩-拉伸等模式下的岩石应力状态接近极限状态的程度，越接近 1，岩石越接近破坏极限。运用 W_σ 评价岩体初始地应力场状态，能够表达出岩体所处应力状态与极限状态的接近程度，尤其是地质构造发育区域复杂应力场的状态，有助于判断初始应力场下的岩体稳定性。

（4）W_σ越高的岩体，其达到失稳破坏所需要的外部扰动值越小，可依据 W_σ 划分出 5 级危险区，进而根据岩体稳定状态对岩体发生动力灾害的危险程度进行评价。

（5）W_σ 为数值计算方法提供了新的分析指标，可根据数值计算得出的结果计算 W_σ 在空间的分布情况，直接反映出不同区域的岩体冲击危险性，实例分析表明其具有良好的应用性，从而为更为准确的预测冲击地压发生位置提供依据。

5 邻近断层开采的扰动响应特征及致灾效应评价

5.1 引言

断层附近构造应力场分布比较复杂，区域往往存在着较高的构造应力，断层周围的岩体积聚有较高的能量。在断层附近进行地下工程开挖必然会对该系统造成扰动，引起断层和附近岩体构成的变形系统失稳而造成能量的突然释放，产生结构失稳型冲击地压。潘一山等将断层冲击地压看成断层上、下盘围岩与断层带组合系统的变形失稳，建立起围岩-断层模型，并推导了力学模型的解析解，具有很好的理论指导效果。但在实际工程中断层的本构模型和力学参数难以准确获知，这对分析断层系统失稳造成了困难。本章通过引入地震学和地球物理方面的一个重要概念——应力触发，定义出描述断层部分岩体破裂状态的库仑扰动应力指标，建立开采对断层扰动的动力学特征判据，对断层处所受的扰动应力的相对变化特征进行比较，根据相对变化特征量的对比分析，实现对断层诱发动力灾害危险性的定量评价，并结合数值仿真技术研究和分析开采与断层活动性、围岩稳定性之间的定量关系，进而实现邻近断层开采过程中的冲击危险势评价，为矿井后期开采过程中动力灾害的预测和控制提供科学依据。

5.2 邻近断层开采扰动响应特征分析

Cook 等人在研究南非深层金矿岩爆发生规律时，提出了开采岩石的体积及开采方式、开采条件等因素同开采诱发冲击地压的能量之间的关系。纪洪广等提出在邻近断层开采过程中，开采体积、空间位置、构造应力等因素与系统能量响应密切相关，此处空间位置包括开采深度和开挖体与断层之间的相对位置，将可以综合反映开挖的位置、开挖的深度、开挖量以及构造应力环境等因素对邻近构造（断层）扰动响应的特征量定义为开采扰动势。开采扰动势模型如图 5-1 所示。

开挖深度及开挖量与开采扰动势大小成正比，而邻近构造到开采位置的垂直距离与开采扰动势大小成反比。具体如下式所示：

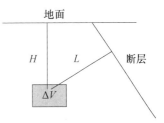

图 5-1 开采扰动势模型

$$\sum E = \text{const}\,\theta \left[\frac{H\Delta V}{L} \right]^{D} k_{0} \tag{5-1}$$

式中，H 为开挖深度；L 为控制性构造与开采位置间的垂直距离；D 为常数；k_{0} 为区域构造应力的不均衡系数。

这里的 E 是开采扰动对区域主要构造（断层）所造成的"震动势"，冲击地压能量释放即为该"震动势"中的一部分。"震动势"越大，其冲击地压危险性越大，冲击地压程度也越激烈。

根据上面分析可知，断层冲击地压的冲击危险势与冲击强度与开采扰动紧密相关，不同的开采扰动造成的冲击危险势变化不同，因此可以从应力条件出发构建扰动响应准则来评价断层系统的冲击危险势，对于由能量决定的冲击强度将在第 6 章分析。

5.2.1 库仑扰动应力模型及其动力学特征判据

常见的库仑破裂应力变化描述如下：

$$\Delta\sigma_{f} = \Delta\tau + \mu\Delta\sigma_{n} \tag{5-2}$$

式中，τ 为平面剪应力；σ_{n} 为平面法向应力；μ 为总摩擦系数，主要根据地震应力触发理论中视摩擦系数来定义，是综合考虑材料内摩擦系数 k、地壳内部孔隙流体产生的作用在该平面上的张应力 P_{r} 的一个综合系数。

将 μ 取为常数，若已知后续地震断层面的几何参数及滑动方向，则可将库仑破裂应力变化表示为：

$$\Delta\sigma_{f} = \Delta\tau_{\text{rake}} + \mu\Delta\sigma_{n} \tag{5-3}$$

式中，$\Delta\tau_{\text{rake}}$ 为被触发地震断层面和滑动方向上的静态剪切应力变化。动态库仑破裂应力的计算除了法向力和剪切力随时间变化外，与静态应力计算相同。计算静态库仑应力不需要考虑前面地震断层的破裂过程，而被触发地震的动态库仑破裂应力变化：

$$\Delta\sigma_{f}\,(t) = \Delta\tau\,(t) + \Delta\mu\sigma_{n}\,(t) \tag{5-4}$$

式（5-4）显示动态库仑应力为前面发生地震的震源时间函数。对于地下开采扰动造成的应力场变化，其时间遵循着开采过程引起的开采扰动所遵循的本构时间，如把开采活动的累加作用当做一种时间秩序，则它反映的是人为开采活动的前后秩序，因此地下开采引起的断层面上动态库仑破裂应力的变化为：

$$\Delta\sigma_{f}\,(\Delta G) = \Delta\tau\,(\Delta G) + \Delta\mu\sigma_{n}\,(\Delta G) \tag{5-5}$$

ΔG 为人工开采（开挖）活动的变化量，式（5-5）为地下开采扰动所引起的断层面动态库仑破裂应力变化模型。

在地下采动之前，断层处在平衡状态。当开采之时，开采扰动会破坏断层及其附近围岩的平衡，且随着采动的进行，扰动的过程会不断进行，扰动效应会不断累加。在分析计算中，为了将数值模拟计算与库仑破裂应力的计算相结合，可以将数值计算中的每个开挖步作为 ΔG，这样就可以将数值计算中的开挖过程的累加近似作为开采扰动效应的累加，并可以动态计算出随着开采而引起的动态库仑破裂应力的总体变化。

5.2.2　动力学特征判据

开采诱发的动力灾害主要受到诸如产量、深度、地质构造、采区几何尺度以及地质间的断面等因素的影响，尽管断层本身的力学特性参数，如材料的内摩擦角、黏聚力等的确定相当困难，但是，可以对断层面处所受的扰动应力的相对变化特征进行比较，根据相对变化特征量的对比分析，实现对断层诱发动力灾害危险性的定量评价。

在自然平衡条件下，受地下开采等扰动的影响，某些区域断层的扰动应力变化量有所增大，从而使得未来潜在危险的孕育进程加速，成为"扰动应力激发区"，对断层滑动有促进作用；而另外一些区域断层的扰动应力变化可能有所减小，从而对未来潜在地质灾害的孕育进程产生阻碍，成为对断层面的滑动起到抑制作用的"扰动应力影响区"。开采引发的断层的扰动效应与扰动应力的大小、水平以及产生应力集中的范围相关。

（1）断层破坏的扰动应力判据

根据复合震源模型理论，想要实现整体断层滑动这一目标事件，必须得有一定量的子事件（如断层的小单元达到其失稳破坏条件）发生。对断层中任一的单元 i，假设其初始剪应力为 τ_0，其极限抗剪强度为 τ_c，库仑扰动应力的增量为 $\Delta\sigma_d$，根据库仑扰动应力的定义并结合材料的破裂准则，能够建立起以库仑扰动应力的增量来表示的断层滑动失稳判据：

$$\tau_0 + \Delta\sigma_d \geqslant \tau_c \tag{5-6}$$

当断层单元所受滑动应力超过了断层岩体极限抗剪强度之时，此处的岩体单元就会发生局部的滑动破裂。如果发生破坏断层岩体单元达到一定范围，就能够引起整个断层发生滑动破坏。

（2）断层扰动破坏的库仑应力面积判据

受开采扰动的影响，断层面处岩体单元的应力在不断变化，根据公式（5-6）断层岩体单元的扰动应力破裂判据，可以判断出断层面上各处的微小单元岩体破坏情况，能够对断层面上的岩体单元整体的破坏情况有大致的把握，但小范围岩体的破坏并不一定能够引起断层的局部或者整体的滑动失稳，因此，判断断层面上整体失稳滑动还需要考虑破坏区域的分布范围，也即面积要素。将整体断层划分成 n 个微小的单元，任一单元的面积记为 S_i，断层总面积记为 S，当受开采扰动的影响时，式（5-6）中 τ_0 不变，$\Delta\sigma_d$ 则随着开采扰动的影响而不断地变化，当单元的扰动应力变化满足式（5.6）时，此时该岩体单元达到其破坏强度，产生了破坏，若将该破坏的单元面积记为 S_{if}。则断层面上的岩体单元总破坏区域面积 S_f 为：

$$S_f = \sum S_{if} \quad (i=1, 2, \cdots, n) \tag{5-7}$$

单纯来考虑破坏的区域面积 S_f 不能完全地说明断层整体的破坏情况，还要需要考虑这一破坏区域的面积在整个断层总面积中所占的比率，定义这一比例为破裂面积影响因子 m：

$$m = S_f / S \tag{5-8}$$

通过对 m 值进行分级的对比，能够判断出不同的开采情况对断层扰动的影响，且当 m 值增大到一定的级别时，断层面会产生整体的滑动破坏，所以可以将破坏面积影响因子 m 值的相对大小作为评价不同开采阶段对断层的扰动破坏程度的一个判据，可以看出 m 值越大，则失稳过程中能量释放就越大。

（3）断层扰动的库仑应力梯度判据

开采扰动效应的"局部化"的特征与"不平衡程度"有关，不平衡的程度越明显，则诱发动力灾害的潜在危险性就越大。开采扰动作用下所产生的新的不平衡程度可以用梯度特征去表达。定义由采动所引发的断层库仑扰动应力变化在某一方向上的梯度为：

$$T = \frac{\partial \Delta \sigma_f}{\partial r} = \frac{\partial}{\partial r} \left[\Delta\tau \left(\Delta G\right) + \Delta\mu\sigma_n \left(\Delta G\right) \right] \tag{5-9}$$

显然由于采动引起的库仑扰动应力梯度值越高，则断层产生活化的可能性就会越大，释放能量也会越剧烈。这一较大的应力梯度值所涉及的空间范围越大，断层活化过程中释放的总能量就越大，则孕育冲击性动力灾害的危险程度就越大。当：

$$T > T_c \tag{5-10}$$

即采动引起的库仑力变化的梯度值超过断层面所能够承受的梯度值，断层会失稳活化，T_c 为临界库仑应力变化梯度值。

不同开采阶段和开采长度，对断层扰动的情况是不一样的，对断层处的岩体产生的扰动应力变化量的大小也不同，但是在岩石处于即将破坏的不稳定状态时，其库仑扰动应力会突然地增加达到一定的值。虽然对于断层的力学性质和本构认识不够清楚，但是在其临界失稳前，有一个明显共同存在的现象即库仑扰动应力的急剧增大，这一特征说明用库仑扰动应力的增量去衡量岩体的稳定状态，可以绕开断层具体的强度、本构特征以及应力水平等条件，而单纯地用一个较统一的量值去衡量断层岩体单元所处稳定状态，再结合着扰动面积判据 m 值以及库仑扰动应力梯度值，就能更加直观地显示出断层岩体可能失稳的危险区域，以及失稳过程中释放的能量大小与剧烈程度，进而对断层危险区域的判断和灾害烈度分析提供一定的理论依据。

5.3 鲍店矿邻近断层开采扰动致灾效应分析

鲍店煤矿处在邹城市和兖州市境内，往北距离兖州市约 15km，往东距离邹城市约 10.5km。下二叠统山西组为鲍店矿主要含煤地层，三叠系～古近系缺失，上二叠统～中侏罗统缺失（图5-2）。鲍店井田构造为一轴向 NE、向 N 倾伏的不完整的向斜构造，皇甫断层切割其南翼，其北翼保留不完整。鲍店井田范围内含煤地层的倾角比较平缓，变化范围介于 2*b* 和 13*b*，在断层附近变化较大（局部可以达 20*b*），地层呈现波状起伏，褶曲特征表现为宽缓短轴倾伏。

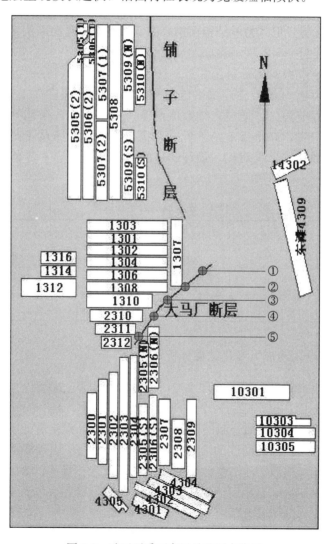

图 5-2 矿区开采面布置及监测点位置

因燕山运动早期北东向褶皱及派生断层的形成以及晚期直至喜马拉雅运动，使近南北向断层产生，致使本区的褶皱具宽缓展布而不紧闭的特点，同时伴生一定数量的断裂构造。区内地层倾角小，产状平缓但多变，断层组合规律性明显，有些区段小型断层较为发育。井田内主要断层（$H>10m$）分四组：北西向（NW）断层组、北东东向（NEE）断层组、北东向（NE）断层和近南北向（SN）断层组。北西向断层有：马家楼断层组、四采断层等；北东东向断层有：皇甫断层组（包括支三和支四断层）、大马厂断层、北林厂断层等；北东向断层组有：Ⅵ-F3、Ⅵ-F9、Ⅶ-F3、Ⅶ-F6、Ⅹ-F17、Ⅹ-F18 等断层。南北向断层组有铺子断层及其分支断层、Ⅴ-F1、Ⅴ-F2 等断层。其基本规律是：逆断层基本与褶曲轴向一致，说明两者在同一应力场中形成。主应力方向一致。北东向与北西向均为正断层占优势，但其力学结构面均有剪切性质。南北向断层不甚发育，而北东向与北西向应为一对共扼剪裂面发展而来的断层。

根据矿区地应力实测资料及邻近矿区地应力测试资料分析可知，鲍店矿区地应力以构造型应力场为主，水平应力与垂直应力比值在 1.2～1.4。在目前的采深下属于高应力区。通过三维数值建模，在原始应力场基础上，按照开采顺序模拟开挖历史，获得目前的工程应力状态。根据现场地质调查、煤岩力学实验研究结果和相关资料对比，最终确定的拟计算采用的主要断层力学参数见表 5-1。

表 5-1　主要断层力学参数表

断层名称	法向度 k_n/ MPa/m	切向刚度 k_s/ MPa/m	摩擦角/ (°)	黏结力/ MPa	抗拉强度/ MPa
铺子断层	800	400	22	0.4	0.0001
大马场断层	1500	600	22	0.4	0.0001

5.3.1　断层库仑扰动应力变化结果分析

根据数值模拟结果对铺子断层 2004—2007 年的库仑扰动应力进行计算，并投影在 Y-Z 坐标面，以半年为一个周期，如图 5-3 所示。

从图 5-3 可以看出，铺子断层面上的库仑扰动应力变化量处于较低水平，总体上没有规律可循，因此断层的活动并不很频繁，这与矿山地震的现场监测结果是相吻合的。2005 年 12 月，整个断层面出现了大规模库仑力变化增大的现象，监测显示这一时期恰好是矿震活动在从一个高峰期向着下一个高峰期转折，可能与区域的构造应力的调整有关。

对大马厂断层 2004—2007 年的库仑扰动应力进行计算，并投影在 Y-Z 坐标面，以半年为一个周期，如图 5-4 所示。

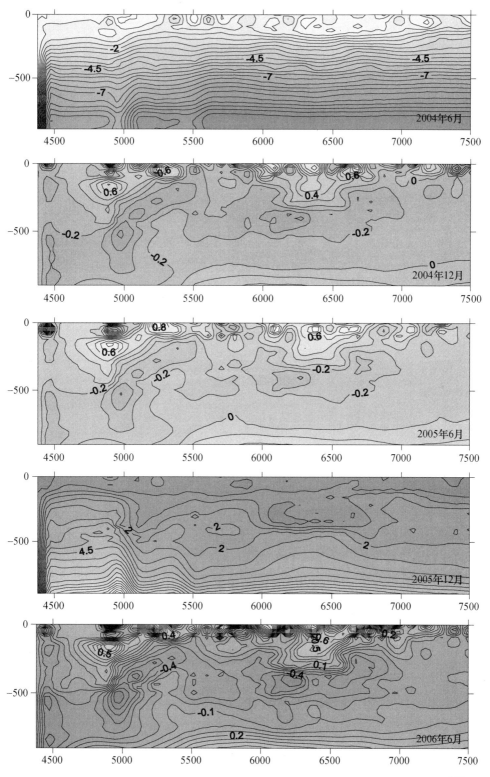

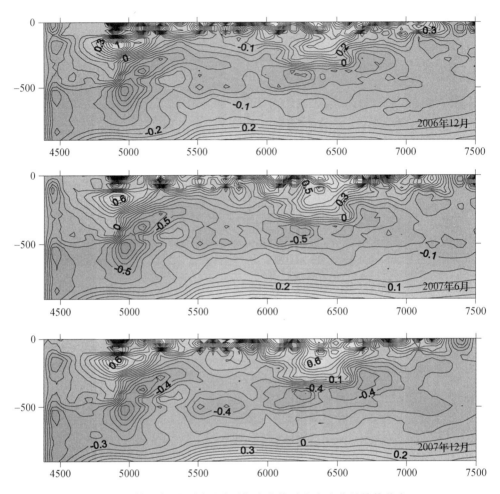

图 5-3　铺子断层不同开采时期库仑扰动应力变化量等值分布

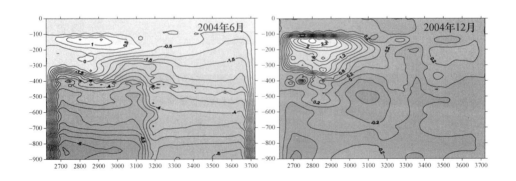

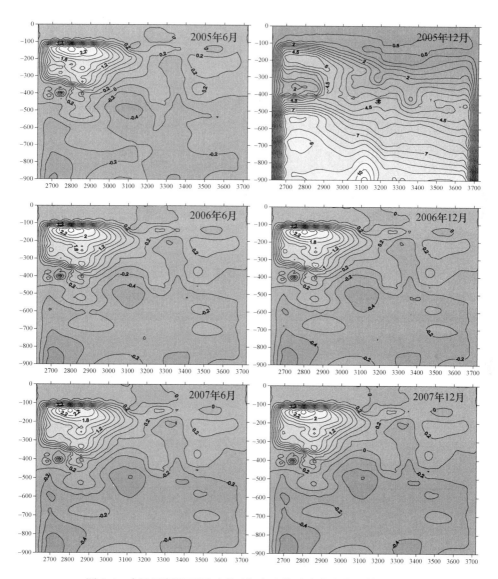

图 5-4 大马厂断层不同开采时期库仑扰动应力变化量等值分布

从图 5-4 可以发现，大马厂断层面上的库仑应力变化量总体上处于较高水平，且规律一致，因此断层活动相对频繁，这与矿山地震的实际监测结果是吻合的。图 5-4 左上角白色区域库仑扰动应力较为集中，其所对应的位置如图 5-5 所示，这一区域正好处在逆断层的边缘，地质结构较破碎，应力环境也很复杂，2004 年的冲击事故正是发生于此处，可见库仑扰动应力变化的分析结果同实际的结果是相吻合的。

图 5-5 库仑应力变化最大值区域

对不同时期开采阶段的断层扰动应力增量峰值进行比较，结果如图 5-6 所示。

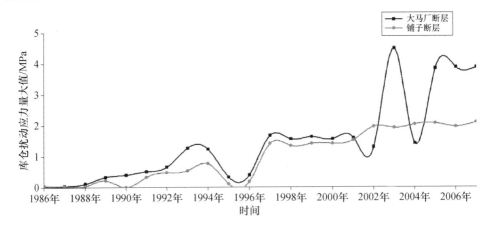

图 5-6 各开采阶段库仑扰动应力增量最大值

从图 5-6 可以看出，在开采的各个阶段，就开采扰动应力增量最大值相比较而言大马厂断层要整体高于铺子断层，分析其原因在于大马厂断层是逆断层，构造应力水平较高，而铺子断层是正断层，其构造应力水较平低。随着采动的进行，二者的扰动应力增量基本呈增加的趋势，而且在 2002 年以后显示出有大规模跃升，波动较大，再随后基本处于稳定变化状态。

5.3.2 不同应力级度扰动区域面积的比较

断层的滑移错动一般是由剪切应力所引起，由数值模拟的结果可以看出，断层单元的初始剪切应力一般都在 6MPa 以内，对比分析两条断层各个开采阶段库仑扰动应力增量的等值线图，可看出开采对断层的扰动影响十分明显，不同区域其应力增量具有较明显的分级特征。由于断层本身力学特性会比较复杂，如断层的黏聚力、内摩擦角等结构力学参数的确定十分困难，仅仅通过断层岩体的抗剪强度难以直接得出断层面处岩体的破坏情况。因此，为了比较开采对两种断层的相对扰动程度，以 0.5MPa 为级差，将断层面上的扰动应力的增量分为 5 个等级，通过分析各级别的扰动应力增量所对应的断层区域总面积的大小，可以判断出各个应力增量级度在该断层扰动影响中所占比重，结合开采进度，可以对各个开采阶段断层扰动应力的大小进行对比分析，对危险开采阶段及早预防和采取防护措施（图 5-7～图 5-11）。由于是两个不同面积的断层进行对比，因此单纯的面积对比并没有意义，这里采用的是不同应力等级扰动区域面积占该断层总面积的比值。

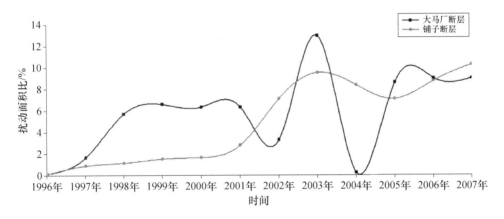

图 5-7　开采扰动应力增量值大于 1MPa 的断层区域面积比

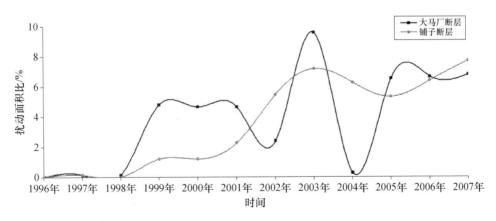

图 5-8　开采扰动应力增量值大于 1.5MPa 的断层区域面积比

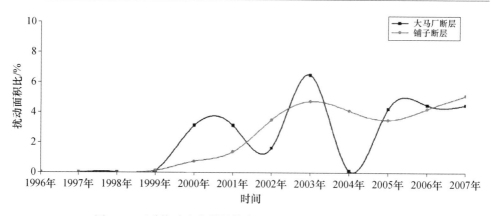

图 5-9　开采扰动应力增量值大于 2MPa 的断层区域面积比

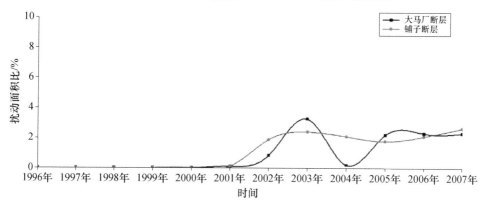

图 5-10　开采扰动应力增量值大于 2.5MPa 的断层区域面积比

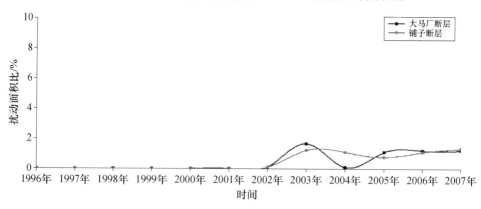

图 5-11　开采扰动应力增量值大于 3MPa 的断层区域面积比

　　由于以上各图中扰动区域面积在两个不同断层面上产生，因此可以通过不同级度扰动应力区域面积与断层总面积的比值来判断各个开采阶段对断层扰动影响的程度。从图 5-7～图 5-11 五种应力增量级度的比较可以看出，几乎每个应力增量级度中，大马厂断层的开采扰动区域面积比总体上要大于铺子断层，而且在同一个应力级度下，随着开采进行，大马厂断层的扰动面积比一直呈较大的增长态势，而铺子断层的开采扰动区域的面积比增幅则比较平稳，可知大马厂断层对于开采扰动更加的敏感。

5.3.3 库仑扰动应力梯度分布特征

不同时期铺子断层库仑扰动应力梯度分布如图 5-12 所示。

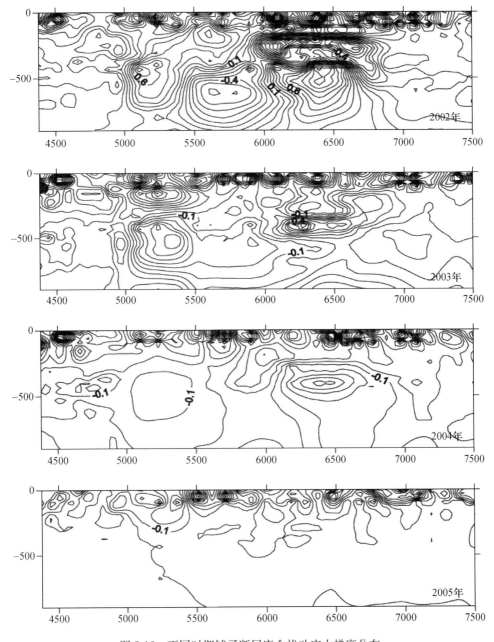

图 5-12 不同时期铺子断层库仑扰动应力梯度分布

不同时期大马厂断层库仑扰动应力梯度分布如图 5-13 所示。

从大马厂库仑应力梯度分布结果可以看出，2001—2004 年，大马厂断层上由开采所引起的库仑应力梯度分布的局部化特征逐渐明显。尤其是 2003—2004 年，在矿区深度－100～－400m，坐标 3200～3700 的区域中，库仑应力梯度呈现出局部化的集中变化。矿区地质资料显示该区域正好处在大马厂断层与铺子断

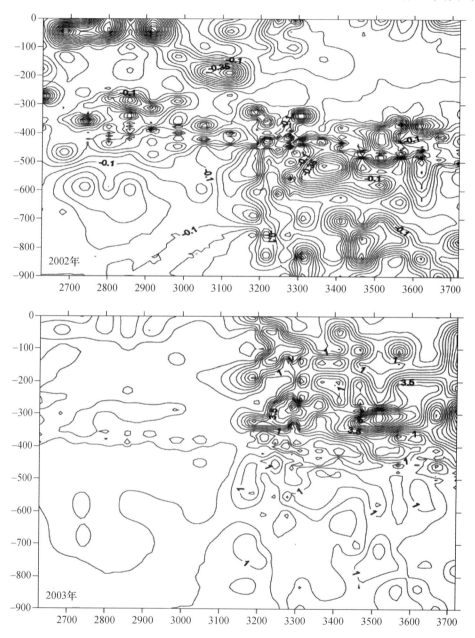

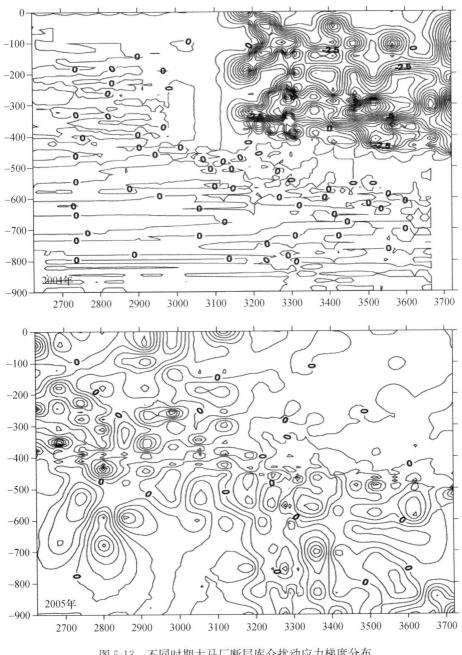

图 5-13   不同时期大马厂断层库仑扰动应力梯度分布

层的之间的交汇部位，区域构造应力相对集中，开采扰动作用下其动力学的响应就相对灵敏。从铺子断层的库仑应力梯度分布图可以看出开采扰动所引起的库仑应力梯度分布局部化特征较不明显，开采对铺子断层的扰动致灾效应较弱。

5.4 小结

本章通过将地震学理论中关于构造地震断层库仑破裂应力的概念引入到开采对断层构造的扰动效应评价中来，建立起开采扰动引起断层面库仑应力变化的动态模型。提出了以库仑应力变化表示的断层滑动失稳判据，断层扰动破坏的面积判据，以及断层扰动的库仑应力梯度判据，综合分析评价近层断层开采的扰动效应，并基于此提出邻近断层工作面和巷道的优化布置方法。虽然岩石的岩性和极限强度不同，但是在临界失稳前，库仑扰动应力急剧增大的现象却是明显存在的，说明通过库仑扰动应力增量来衡量岩体的稳定状态，可以绕开不同岩体间的岩性，强度，所处的应力水平等条件，单纯的以一个统一的量值来衡量岩体单元所处的稳定状态，再结合扰动面积判据 m 值库，库仑应力梯度值，能更加直观的显示岩体可能失稳的危险区域以及失稳过程中释放能量的大小，进而对断层危险区域的判断提供一定的理论依据。基于此对鲍店煤矿断层的邻近开采扰动效应情况进行了分析，结果显示大马厂断层对开采扰动的动力响应较铺子断层灵敏，2002—2003 年以及 2004—2005 年间扰动应力增量最大值和面积比均发生有大规模跃升，说明该时期断层活动活跃，易发生动力冲击灾害，该分析结果与现场实际情况基本吻合。

6　高应力岩体相互作用机制及其开采扰动致灾机制

冲击地压是开采扰动引起的一种动力响应，其机理虽然目前还不完全明了，但关于岩体中的高地应力以及岩体内部储存的大变形能是其发生的必要内部因素，已取得了较广泛的共识。能量的驱动是岩体破坏的本质，从能量的角度出发来分析岩体破坏的规律是很有必要的。实际工程中某一状态的岩体系统，可能包含有不同储能特性的岩体。当这一状态受到某一扰动时，不同储能体产生的响应不一样，相互作用时的机制也不同，造成系统发生动力冲击的条件和冲击的强度也不同。因此，本章从最基本的两体组合系统出发，从能量的角度分析两种不同储能岩体组合相互作用的机制及其扰动响应特征，建立两体组合震源模型及其扰动致灾判据，分析震源的冲击危险势和冲击强度，并提出以此构建冲击灾害监测的新思路，为实际矿山工程冲击灾害防治提供理论依据。

6.1　开采动力灾害震源模型

6.1.1　震源模型的物理力学理论基础与特征

我国是世界上冲击地压等矿井动力灾害发生最多的国家，研究冲击地压孕育和发生的机理对于冲击地压的准确识别预测和灾害有效防控具有重要意义，因此学术界关于冲击地压发生机理的讨论研究非常活跃，先后提出了刚度理论、强度理论、能量理论、冲击倾向理论、变形系统失稳理论、剪切滑移理论、三准则理论、"三因素"理论、强度弱化减冲理论、复合型厚煤层"震冲"机理、岩体动力失稳的折迭突变机理、冲击启动理论、煤岩组合冲击机理、冲击地压和突出的统一失稳理论等，这些理论的提出，使得对冲击地压的机理认识不断深刻，但由于实际工程中冲击地压产生的复杂性，对冲击地压发生机理的研究仍然需要不断加深，从而实现对冲击地压的监测与防治工作的有效解释和指导。

近年来，国内外学者在现场观测和试验研究中发现的一些新现象让学者们对冲击地压发生机理有了新的认识，下面列举几个事实：

（1）大量坚硬岩石的声发射试验表明岩体或岩石材料将外载对其所做的功以宏观弹性应变能储存起来并集中释放的能力是有限的，这与很多现场发生冲击事实是吻合的，徐则民等通过对西康铁路秦岭特长隧道初始地应力测定和围岩积蓄弹性能计算分析表明，开挖状态下围岩（主要指岩爆体）可以积蓄的宏观弹性应变能小于岩爆过程释放的总能量，在实际冲击地压发生过程中，有些冲击所引起的地震甚至可以达到里氏 4 级，仅释放的地震能就可以达到 $10^{-7}kJ$ 的水平，但其破裂区分布大小、应力降及弹性模量往往很有限，使得破裂岩体积蓄的弹性应变能远低于冲击过程释放的总能量，那么如此高的冲击能量是从何处来的？

（2）近年来，在平顶山十矿、徐州权台矿和北京大安山矿开采过程中发现软弱无冲击倾向性煤层中也会产生冲击地压，同时一些实验室测定的弱冲击倾向性煤岩体在实际中也发生了较强的冲击，而按照传统的理论分析，软弱无冲击倾向性煤层和弱冲击倾向性煤岩体中是难以积聚大量的弹性应变能发生冲击的，从而产生同样的问题即冲击的能量是从何处来的？

目前，国内外学者关于冲击地压的能量来源主要是岩体积聚的弹性应变能释放这一观点已取得研究共识，基于这一结论结合上述实际工程问题可以推测在冲击过程中必然存在冲击破裂岩体之外的其他弹性应变能来源，这一推论可以在其他学者的相关试验和研究成果中找到依据，如宫凤强等在硬质砂岩（单轴强度 115MPa）单轴动静加载试验过程中发现，在轴压达到 60MPa 时，部分岩块剥落并弹射出去，但岩石整体不失稳，可以继续承载，此时岩石单位体积吸收能经计算显示为负值（负能量），说明此过程中岩体表现不是对扰动能量的吸收，而是释放出部分的弹性能，且弹性能释放量要远大于动态扰动输入的动能，从而发生局部"岩爆"，与很多深部现场岩爆现象相类似。据此试验现象分析可以发现在"岩爆"过程中整块岩体被分成两部分：一部分为破裂体，即破裂剥离的部分，这一部分体积往往比较小，破裂后应力降低为零，积聚在该部分的弹性能在此过程中释放，但其能量是不足以产生弹射等岩爆现象的；另一部分为剥离剩下的继续承载的岩体，其体积比破裂体要大得多，该部分在破裂体剥离瞬间会产生一个小的应力降释放能量，也即在破裂体之外存在一个弹性能释放源。顾金才院士根据岩爆模型试验现象指出工程岩体材料吸收的能量在其极限范围内时不会破坏，要破坏必须加载即外界对其提供能量，也即是说工程中单靠岩爆体自身积蓄的能量是不会产生强岩爆的，必须要有周围岩体对其破坏过程进行能量补充。同时还指出岩体材料发生岩爆是动力破坏，必须在其峰后变形阶段，收到一个动力荷载的作用，材料才会以极快速度破坏，发生岩爆，否则只会静力型

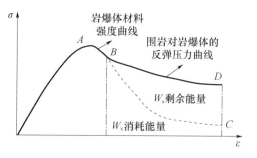

图 6-1　岩爆时必须满足的应力条件
（顾金才，2014）

破坏，基于此提出了发生岩爆时岩体必须满足的应力条件（图 6-1）。

顾金才等人的研究结论也证实冲击过程中在破裂体之外存在一个其他的弹性能释放源；岩体系统失稳冲击机理、煤岩组合冲击机理等理论也是基于这一基本认识。实际上还可以在地震研究中找到相关依据，冲击地压的发生过程是一次能量的突然释放，而地震的发生过程也可以视为一次突然的能量释放，地下岩石的快速破裂（或者是沿着既有断层的错动）释放了断层附近介质中长期积累的弹性应变能，因此二者之间必然具有某种联系，目前国际上对矿山冲击地压的研究证实了冲击地压与天然地震机制的相似性，在地震学研究中矿山已成为国际上天然地震研究的中尺度实验场，那么同样地震学上关于地震机理的研究对于认识矿山冲击地压发生机理也具有指导意义。我们知道地震释放的能量是巨大的，明确地震能量的来源对于了解冲击地压能量来源有重要参考意义。在地震学中，将释放地震能量的岩体称为震源，它们通常大于地震破裂体积，包括了释放地震能量的围岩，地震震源除了岩石变形破裂失稳的破裂体，还存在一个破裂相关区域，地震应力降不仅发生在破裂体，相关区域也存在相关应力降，若震源破裂体尺度半径为 r，则整个震源相关应力区域尺度半径为 R（$R > r$），这一尺度范围往往较大，从而能够释放巨大的能量。Tsuboi 在地震震源体积概念中指出震源释放能量的能量密度基本上不依赖于震级，而是一个相对均一的量值，决定地震释放能量的多少和震级大小的主要是应变释放区的体积。其他地震专家也根据各种假设估算了地震震源体积与地震能级的关系，分析表明地震过程中应力降不大（远远小于室内岩石破裂应力降），也即能量密度变化不大，但是由于震源体积足够大因此可释放巨大的能量，充分说明了震源的相关空间尺度对地震释放能量的重要影响。陆坤权等基于颗粒物理原理对地震发生条件与机制提出了新的认识，他将地震的发生表述为"随着构造力逐渐积累，岩石突破阻挡而滑移或流动，亦即发生堵塞-解堵塞转变，积累的构造力作用势能转变为滑移或流动动能，以地震波的形式释放能量，能量释放后滑移或流动停止。"其理论核心是不再将地壳看作连续介质，而是作为大尺度岩块和断层泥组成的离散态体系进行处理，这些离散体系在构造应力链作用下形成一个孕震系统，"力链"在此中具有纽带作用，可以将远距离大尺度的地壳板块联系在一起，构成应力相关。由于地震发生机制与冲击地压机制具有某种相似性，有理由相信在冲击地压孕育和发生过程中，也存在这样一种"力链"效应构成的相关作用区域。

综合上述研究分析可以推论，在冲击地压过程中冲击破裂区岩体周围还存在一个应力相关区域，与冲击破裂区岩体构成一个力学系统（力链相互作用），并参与同一力学过程（冲击过程）。如图 6-2 所示，假设冲击过程中破裂区特征尺度为 r，相关区域特征尺度为 R，相关区域弹性应变能密度 ω，它是岩体应力 σ、应变 ε、弹性模量 e、温度 t 的函数，可记为：

$$\omega = f(\sigma, \varepsilon, e, t) \tag{6-1}$$

冲击过程中产生应力降 $\Delta\sigma$ 所引起的应变能密度变化为：

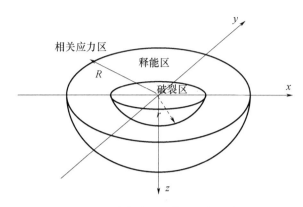

图 6-2　开采扰动震源模型空间示意图

$$\Delta\omega = f\ (\sigma - \Delta\sigma,\ \varepsilon,\ e,\ t) \tag{6-2}$$

则其释放的弹性应变能为：

$$E_s = V\ (R)\ \cdot \Delta\omega \tag{6-3}$$

式中，$V\ (R)$ 为破裂区周围特征尺度半径为 R 的相关区域岩体体积；E_s 为相关应力区释放的总能量。

在冲击过程中除了上述弹性应变能，还有瞬时开挖、爆破、顶板运动等开采活动引起的动力扰动作用，这一动力作用在冲击过程中也能转化为冲击能，假设该部分动力扰动输入能量为 E_d，则冲击过程中总能量源 E 为：

$$E = E_s + E_d \tag{6-4}$$

由上述关系式中可以看出冲击地压过程中能够释放的能量主要由震源所处的应力水平、冲击应力降、震源的弹性模量、震源相关尺度特征以及动力扰动输入能量决定。

在地震发生过程中所释放的应变能主要有三个去向：地震辐射能量，克服摩擦阻力做功，破裂扩展所消耗的破裂能。多数试验证明岩体破裂表面能消耗 R 远小于岩体变形错动和发射振动波消耗的能量 G，因此震源体积破裂消耗的应变能 T 主要用于 G。而 G 中只有一部分用于震动波释放即 $E = \eta G \approx \eta T$，$\eta$ 为地震效率（定义为辐射能量与地震总应变能之比）。一般而言，地震效率的取值范围为 $10^{-1} \sim 10^{-2}$ 的数量级，即通过地震波辐射释放的能量，仅占地震引起的总能量变化的很小部分。

同样分析可知，冲击发生过程中震源释放的总应变能主要用于岩体变形破坏的塑性势能、形成新裂面的表面能、各种辐射能，以及动能，具体表示如下：

$$W = W_s + W_b + W_f + W_d + W_{其他} \tag{6-5}$$

式中，W_s 为塑性势能；W_b 为表面能；W_f 为辐射能；W_d 为动能；$W_{其他}$ 为其他未知的微小能，对于一定尺度的破裂，这些能量相互间存在一定的相关性。

根据地震理论相关分析可知,冲击过程中显现的震动能也仅占总能量的一小部分,假设冲击震动系数为 η(定义为震动能量与消耗总应变能之比),则冲击过程中消耗的总能量 W 可表示为:

$$W = E_1/\eta \tag{6-6}$$

冲击事件震级 M_L 与能量 E_1 换算关系如下:

$$\lg E_1 = 11.8 + 1.5M_L \tag{6-7}$$

根据能量守恒,消耗的总能量与释放的应变能总能量相等,即:

$$W = E \tag{6-8}$$

结合上述建立的关系式是可以得到:

$$M_L = \frac{1}{\eta} f\ (R,\ \Delta\omega,\ E_d) \tag{6-9}$$

式(6-8)即为所建立的开采扰动震源模型,其空间特征示意图如图 6-2 所示,将在冲击地压发生过程中释放能量的岩体称为震源,它包含冲击破裂区和周围应力相关的应变释放区,将在冲击过程中产生破裂的部分岩体称为破裂体,也即通常意义上的震源;在冲击过程中岩体本身不破坏,但会以弹性回跳释放部分弹性能的岩体称为释能体,破裂体与释能体组合的构成的应力相关区域即为震源区域。

(1)震源模型中的特征量分析

纪洪广通过抚顺老虎台矿矿震分析研究指出冲击地压孕育、演化、诱发过程可以用能量、时间、空间等方面的特征来表达,冲击地压事件的这些特征量之间存在着一定的相关性和统一性。从式(6-9)可以看出,震级 M_L 代表冲击过程中显现的能量即震动能,是冲击强度的表征;冲击震动系数 η 表征震动能与其他破裂消耗能的关系,当总释放能量一定时,η 越大,则能够用于冲击显现的能量越多(震级越大),观测到的冲击强度就高,相应的破裂消耗的能量越少,它说明破裂体的破裂方式对于震源的冲击强度有重要影响,同时 η 也隐含着破裂尺度 r 与其周围相关区域特征尺度 R 的关系,体现了冲击地压事件的空间几何特征。能量密度变化 $\Delta\omega$ 不仅与地下岩层地质环境、温度及应力环境有关,同时又受到地下开采扰动影响,与开采活动和工程环境有关。而人工开采活动反映的正是一种时间秩序,这一累积开采扰动时间秩序与日常时间秩序具有相关性与统一性,因此 $\Delta\omega$ 是冲击地压事件应力、能量与时间特征的一种综合反映。E_d 则是考虑了动力扰动的影响,是一个能量特征量。从上面的各特征量含义分析可知该开采扰动震源模型体现了冲击地压事件在能量、时间、几何空间特征上的相关性和统一性。

(2)开采扰动震源模型几个概念的解释

1)震源包含了应力相关的概念,举个简单的例子来说明,如实验室岩石压缩试验中,加载的岩石相当于破裂体,压力机相当于破裂体外围的释能体,而油压相当于作用于系统的外力。当加载的时候，这三者组成了一个力学系统，该系统在同一时间参与同一力学过程。因此震源首先是在一个应力时空相关的区域，即强调同一时间同一区域进行同一力学过程。那么在实际地下工程中应力相关区域是如何产生的呢，根据陆坤权对地震的认识，可以这样认为：在特定地质构造区域的地下岩体处在一定的构造应力和自重应力环境中，维持着相对平衡态，人工开采活动打破这一平衡，在构造应力、自重应力以及开采扰动作用综合影响下产生一种累积扰动作用势，相当于地震中的构造作用势能，这种扰动作用势在一定条件下以冲击地压能量的形式释放出来。扰动作用势越大，发生冲击地压的危险性就越大，发生高能量冲击地压的可能性也就越大。正是这一不平衡势作用引起一定区域的岩体中产生力链，构成应力相关，因此可以这样认为，一次冲击事件的应力相关区域（相关区域特征尺度 R）主要由其累积扰动作用势分布决定。

2）震源在时间上是动态的，在空间上是变边界的，即某一时段内某一区域的岩体组合形成了震源，在下一个时段二者可能不再参与同一力学过程（应力不相关）从而导致震源的消散，或者震源的部分岩体在下一时段又与其他区域的岩体组合构成新的震源，形成震源的转移。

3）震源在空间上是一个三维的复杂非均质岩体系统，由于原岩地质环境以及开采扰动等因素影响，使工程岩体某些部位产生缺陷，不同结构、强度，处在不同应力水平的岩体组合构成震源的物质基础。

4）震源中破裂体（传统的震源概念）空间存在形式是多样的，可以是一个面源（断层），也可以是一个体源（包体），因而破裂体的力学本构模型也不是唯一的，其破裂形式也是多样化的，既可以是沿一个面的剪切滑移破坏（如断层），也可以是一个包体的压缩破碎、压剪组合形变破碎或是拉剪等其他形式的破碎。当震源系统中破裂体为断层时，产生冲击地压即为断层错动型冲击地压；当破裂体为煤柱压剪破坏时，对应着压缩型冲击地压；当破裂体为顶板拉伸破坏时，对应着顶板断裂型冲击地压。

（3）特征尺度 R 与古登堡-里克特关系式中 A 值关系讨论

冲击地压震级和频度之间的关系遵循古登堡-里克特关系式：

$$\ln N = A - bm$$

式中，N 为一定时期内震级为 m 的地震事件的数目；A、b 为参数。参数 b 集中反映了岩石所承受的平均应力和岩石内部平均强度的大小以及震源（主要指破裂体）的几何特征，它是反映矿震活动能量特征与几何特征（r）之间辩证关系的物理参量；参数 A 则是地震活动性和活动水平的度量，它集中反映了孕育冲击地压的地质环境和应力环境特征。冲击地压的能量特征、时间特征、几何特征之间关系的研究，也就可以在一定程度上转化为参数 A、b 之间的关系及其时间和空间特征的研究。

如果 N 为某一给定的时间段内震级大于或等于 M 的地震事件的个数，那么关系式可以写成：

$$\lg N = A - bM$$

这时，它反映的是一种累积关系。A 反映了所孕育和发生地震（冲击地压）的区域内所积累和蕴藏着的总能量。极值事件的震级规模除了与 b 有关外，主要是由 A 的大小来决定的，b 值所反映的是震源破裂特征，也即模型中的破裂体特征，A 则反映了震源模型中相关区域环境，因此相关区域特征尺度 R 与 A 值应该具有某种相关统一性。

（4）关于震源模型中应力相关区域的现场验证

震源模型中破裂体和相关释能体在冲击过程中实际存在的验证，可以通过监测震源应力降这一特征来实现，由于现场直接应力监测较困难，本次在华亭矿区通过布设钻孔应变观测仪，监测冲击地压发生过程中冲击区域及周围的应变变化。华亭矿区钻孔应变监测站于 2012 年 10 月开工建设，2013 年 1 月 4 日孔内仪器安装完成，1 月 27 日监测站实现通电，历经 1 个月数据调试，于 3 月 14 日实现数据接收正常化。监测站台位置根据地震专家建议，建立在会发生应力集中的地形变化剧烈部位，该区域冲击前兆变化会被放大，有利于观测，而应力变化在不发生应力集中的地方通常是极其微小的，捕捉比较困难，因此考虑到工作面分布和地质条件综合因素，华亭矿区构造应力监测台站的台基选择在布置砚北矿区向斜轴部（图 6-3），钻孔深度 605m，仪器安装深度 595m（在煤层下 20m 的底板中），监测煤层底板应力-应变状态、孔隙水压力、孔斜状态、地震波。通过近一年的观测，积累了一定了矿区冲击地压事件样本，统计分析发现有多次强冲击发生时在冲击破裂区域外一定范围内存在相关应力降，典型冲击地压事件及监测站位置分布如图 6-3 所示。

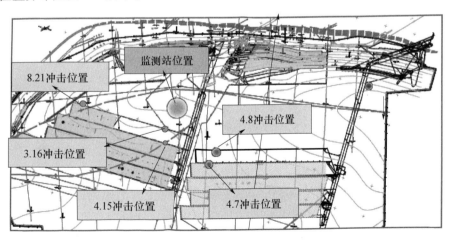

图 6-3 华亭矿区钻孔应变监测站与强冲击位置示意图

典型冲击事件记录如下：

事件 1：2013 年 3 月 16 日 13 时 23 分 250203 运输巷道来压，造成车场煤门 24m 范围巷道顶沉、1～156 排巷道不同程度底鼓、40 根锚索拉断，风门墙皮部分震落，风门处水沟出现裂缝，需起底工程量 812.4m³，破坏能量 1.69×10⁶J。冲击破坏位置距离观测站约 472m，从图 6-4 分量应变监测曲线可以看出冲击发生时有明显的同步应变阶跃，分量 6-1、7-1、7-2 均表现为负跳，6-2 为正跳。

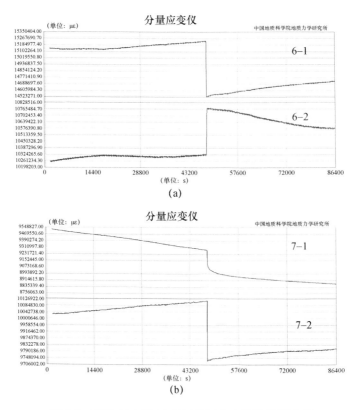

图 6-4　2013 年 3 月 16 日四分量应变原始监测曲线

事件 2：2013 年 4 月 15 日 22 时 28 分 250204 工作面煤壁正南 58m，运输巷正东 7m 发生冲击，能量 3.26×10⁵J，250204 运输顺槽 4～59 号 H 架 165m 范围巷道受到不同程度破坏，轨道倾斜，顶部支护失效严重，250203 材料巷 58 排～110 排、150 排～168 排、292 排～260 排巷道不同程度底鼓，需起底工程量为 352.8m³，震源距离观测站约 615m。从 24h 分量应变监测原始曲线和孔隙压变化曲线可以看出冲击发生时有明显的同步应变阶跃，分量应变 6-1、7-1、7-2 向下阶跃显著，分量应变 6-2 出现轻微上跳，应变阶跃方向与 3 月 16 日冲击一致。4 月 15 日四分量应变原始监测曲线如图 6-5 所示。

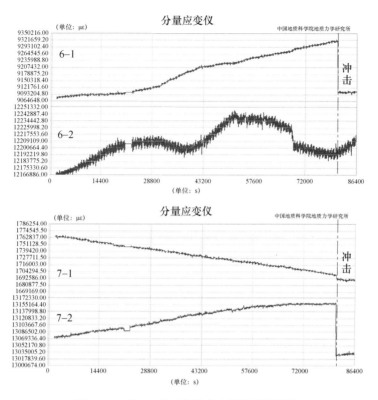

图 6-5　4 月 15 日四分量应变原始监测曲线

事件 3：2013 年 8 月 21 日 21 时 36 分，250203 煤体爆破诱发来压造成 250203 上运输顺槽 420～530 付架杆巷道顶沉 0.1～0.2m、底鼓 0.2～0.3m，需起底工程量为 1086.75m³。震源位于 250203 煤壁正北 58m，运输巷正西 35m，能量 8.65×10⁶J，震源距离观测站约 1655m。从图 6-6 当天仪器监测曲线看出 4 个分量中分量 6-2 在冲击时应变向上阶跃，7-1 向下阶跃，应变阶跃方向与该工作面前两次冲击保持一致，其他两个分量没有正常工作。8 月 21 日四分量应变曲线如图 6-6 所示。

事件 4：2014 年 4 月 7 日 13 时 09 分，华亭矿 250105 回风顺槽发生矿压显现，1min 内发生两次震动，造成 250105 回风顺槽前溜机尾向外 30m 范围底鼓 1.6m 左右，严重地段底鼓 2.0m，单体柱倾斜严重。能量与震源位置分别为①3.17×10⁶J，震源位于工作面外 95m，距开切眼 188m，距回风外帮 23m；②3.19×10⁶J，震源位于工作面外 177m，距开切眼 269m，距回风外帮 21m。

冲击破坏位置距离观测站约 1029m。当天的应变监测曲线（图 6-7）显示分量应变 6-1 正跳，分量应变 6-2 负跳，分量 7-1、分量 7-2 应变变化较不明显，应变跳跃方向与砚北矿 250203 工作面冲击跳跃相反。2014 年 4 月 7 日四分量应变曲线如图 6-7 所示。

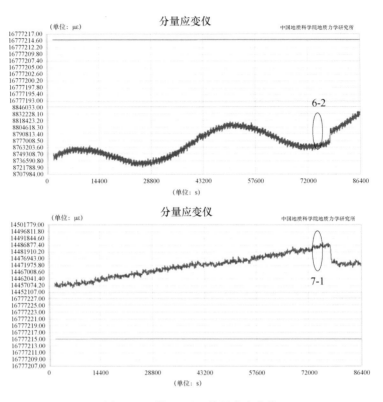

图 6-6　8 月 21 日四分量应变曲线

事件 5：2014 年 4 月 8 日 13 时 52 分，华亭矿 250105 运输顺槽发生矿压显现，1min 内发生两次震动，造成工作面向外 874～1174m 范围底鼓 0.7m，工作面向外 774～874m 范围底鼓 0.2m，工作面向外 574～774m 范围底鼓 1.1m，工作面向外 174～574m 范围底鼓 0.4m，水沟全部被破坏，皮带向煤柱侧倾斜，移变列车全部掉道，向煤壁侧倾斜，县城内有明显震感。能量与震源位置：（1）1.21×10^7 J，震源位于运输顺槽内，工作面外 225m，距开切眼 318m，距运输内帮 3.2m；（2）1.02×10^7 J，震源位于工作面外 230m，距开切眼 322m，距运输内帮 0.4m，冲击破坏位置距离观测站约 922m。当天的应变监测曲线（图 6-8）显示分量应变 6-1 正跳，分量应变 6-2 负跳，分量 7-1、7-2 应变变化较不明显，应变跳跃反向与 7 日冲击一致，与砚北冲击应变跳跃方向相反。2014 年 4 月 8 日四分量应变曲线如图 6-8 所示。

从上述钻孔应变监测曲线可以看出，上述位置产生冲击时在距离冲击破坏外围一定距离处的也发生了同步应力降，证明该区域在冲击发生时与冲击破坏区域处在同一力学系统，参与了冲击过程，但该处岩体本身没有发生破坏，说明该区域是冲击破裂体之外的能量释放区，从而证实在冲击发生过程中除了冲击破裂体本身，在外围还存在一个相关释能区。并且砚北矿 250203 工作面发生的 3 次冲

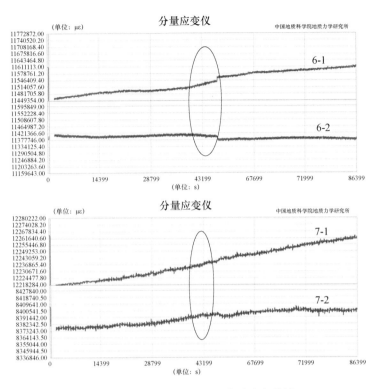

图 6-7　2014 年 4 月 7 日四分量应变曲线

击事件应变分量跳跃方向相同说明其发生机理的一致性，华亭矿 250105 工作面的两次冲击应变分量跳跃方向也一样证明这两次冲击机理的也是一致的，但华亭矿和砚北矿的冲击事件相比其应变跳跃方向不同，证明在冲击过程中应变释放具有方向性。分析中还发现，有些冲击发生了，但监测站并未产生相关应力降，说明观测站区域与这些冲击不相关；观测到的应变变化随冲击位置与观测站的距离、冲击强度不同而不同，说明了震源具有尺度特征效应。

　　（5）震源模型与现有冲击机理的联系与区别

　　从上述震源模型特征可以看出，该模型与现有冲击地压发生机理的理论既有联系又有区别，首先它是建立在现有刚度理论、能量理论、冲击倾向性理论和变形系统失稳理论等经典理论基础上的，是对现有冲击地压机理研究一个小的集成，因此目前一些研究比较成熟的理论与冲击判据在此模型中均能体现，而不会相悖。该模型与现有理论不同之处在于相比现有冲击机理研究理论的高度抽象性，该模型是从冲击能量来源这一实际工程问题出发，从能量的角度明确指出冲击过程中除了冲击破裂岩体本身之外，在其周围还存在一个相关区域，二者组合构成震源系统，模型中不仅包含了岩体系统动力失稳的概念，还突出了冲击震源作为一个空间几何体的相关尺度特征，凸现了冲击地压能量、时间、空间几何特

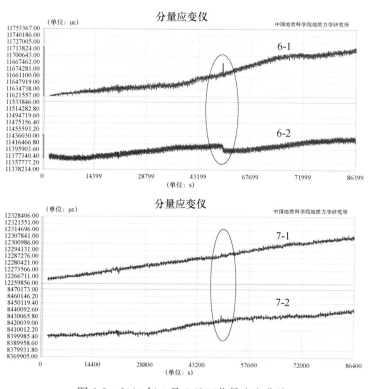

图 6-8　2014 年 4 月 8 日四分量应变曲线

征的相关统一性，从而将抽象的理论与实际工程结合起来。

6.1.2　震源体冲击地压诱发条件及判据

（1）强冲击孕育及发生的条件分析

从能量角度来说，震源孕育、发生强冲击地压需要具备以下条件：

一是具备弹性应变能大量积累的介质条件。以此出发可以解释为何冲击地压、岩爆等多发生在干燥、完整性好、强度较高的岩体介质中，因为湿润岩体中的水能在一定程度上吸收岩体中的能量，破碎的岩体也不易储存能量，而强度低的岩体也难以存储大量弹性能。

二是具备较高的能量梯度条件，为岩体能量释放提供方向。这可以解释为何冲击地压、岩爆多发生在非均质岩体中和应力集中的高应力梯度区域如煤层倾角、厚度、构造剧烈变化这些区域，因为这些区域非均质引起岩体力学环境巨大差异，应力梯度高，从而容易达到高能量梯度条件。

三是具备产生能量突然释放的"力学不稳"条件。这一条件隐含着强度准则，即破裂体应力必须经历其峰值强度，只有满足这一条件破裂体才会开始破裂（应变软化），但破坏不一定冲击，冲击是一个动力过程，还需要破裂过程中系统释放的弹性能超过破坏体以准静态形式形变消耗的能量，即震源系统需要满足

Cook 刚度判据，这可以解释为何冲击地压、岩爆通常发生在脆性岩体中，因为脆性岩体峰后曲线陡峭，极易满足这一条件而产生突然应力降释放能量。

四是要具备积累大量弹性应变能的应力条件。震源应力水平要高，且具有一定的体积规模，从而保证有足够的能量释放引起冲击，这也解释了为何强冲击多发生在高应力分布范围较大区域。

五是具备能量释放的"空间不稳"条件，地下开挖形成的临空面为大量应变能的突然释放提供了空间，这就解释了为何强冲击地压、岩爆多发生在临空面附近。

六是具备动力扰动条件，而地下岩体的瞬时开挖、爆破、顶板运动等开采活动均可产生动力扰动作用。

（2）冲击力学机制分析

根据震源模型的定义，可将其看成一个由释能体和破裂体构成的两体系统，其满足关于岩体系统动力失稳的研究共识，即在冲击前处于不稳定平衡状态，震源前后系统只有两个平衡状态：即前兆阶段的不稳定平衡状态和该状态失稳后重新又达到的稳定平衡状态；破裂体破坏的绝对不可逆性以及满足反映问题本质的震源动力失稳的 Cook 刚度判据。其冲击的力学机制可表述如下：由于震源处在不稳定的平衡状态，开采活动对这一原位状态产生扰动后，造成系统岩体应力、能量状态的改变，使得破裂体应力状态量达到或超过极限时，破裂体开始破裂，从而导致其周围释能区的部分卸载释放弹性能，为破裂区介质进一步破裂提供动力源。破裂区岩体首先破裂引起周围释能区的弹能释放，进而又加剧了岩体破裂，二者相互作用从而导致系统失稳。当周围介质的弹性贮能远大于冲击区中介质破裂所需的能量，使得系统释放的弹性能超过破裂体以准静态形式形变消耗的能量，所超过的能量部分瞬间释放便会造成岩体动力失稳。当周围介质的弹性贮能远小于破裂区介质破裂所需的能量，区域便是稳定的。

冲击发生空间过程如下：冲击地压是从巷道或工作面附近某处应力集中部位开始发动，根据最小能耗原理，破裂将沿着最小耗能方向（临空面）传播到达巷道和工作面表面，并不是所有的破裂都能有足够的能量达到巷道或工作面的表面，这也解释了为何微震监测到了较大的破裂震动却没有发生冲击显现。对于破裂到达巷道或工作面的震源，其最大同震位移必将位于巷道或工作面的表面，而同震释放的最大应变能密度位于破裂开始发动的应力集中部位，这也解释了为何一次冲击地压事件中微震定位到的震源位置与工作面或巷道冲击显现位置不一致，因为在现场观察到的冲击显现多是震源的同震位移（底鼓等现象），而微震监测定位的破裂初始发动的震源。

（3）冲击地压发生能量判据

根据广义胡克定理，三向受力状态下的煤岩体弹性应变能密度计算公式为：

$$e = \frac{\sigma_1^2 + \sigma_2^2 + \sigma_3^2 - 2\mu(\sigma_1\sigma_2 + \sigma_1\sigma_3 + \sigma_2\sigma_3)}{2E} \tag{1}$$

一定体积的岩体含有 n 个岩体单元，所包含的应变能 U 为：

$$U = \sum_{k=1}^{n} e_k V_k \tag{2}$$

式中，V_k 为第 k 个岩体单元的体积。

在某一时刻 t，破裂区岩体达到极限应力状态，开始产生破裂应力降，此时释能区应变能为 U_1，破裂区应变能为 U_2，在 $t+\Delta t$ 时刻释能区弹性应变能为 U'_1，破裂体弹性应变能为 U'_2，冲击源弹性应变能释放为：

$$\Delta U = U_1 + U_2 - U'_1 - U'_2 \tag{3}$$

假设该过程中释能体克服自身阻尼做功消耗 ΔG_e，破裂区岩体发生破裂过程中消耗的塑性势能、形成新裂面的表面能、辐射能等耗散能为 ΔG_p，则岩体破坏的弹性余能可表示为：

$$\Delta K = \Delta U - \Delta G_e - \Delta G_p \tag{4}$$

大部分情况下这部分能量以动能形式释放，转换为破裂区岩体的抛射而发生岩爆、冲击，或转换为周围岩体的振动。

冲击源系统动力学失稳启动的能量条件为：

$$\Delta K > 0 \tag{5}$$

（4）震源体动力失稳判据

前面建立的开采扰动震源模型是一个复杂物理力学系统，具有物理特性与几何特性的相关性和统一性，具体来说震源模型中的破裂体、释能体处于多向应力状态，受围压效应影响破裂体、释能体的应力分布可以是不一样的（相比单轴串联两体系统力学模型来说）。同时就破裂体本身来说，也是一个非均质体，在破裂体中有强单元（相当于坚硬包体模型中的坚固包体）和弱单元（相当于坚硬包体模型中包体外相对较弱的部分），要对其进行具体的分析必然是一个复杂的过程，但科学研究思路就是从简单到复杂，因此可以从最简单的一维状态对其进行分析。若将该模型简化为一维状态分析，其对应的应力应变关系曲线如图 6-9 所示，其力学模型即可用现有的两体系统力学模型表示（图 6-10），它是震源模型的一个特例，即只考虑一维状态的震源力学模型。

很多学者根据上述两体串联单轴加载方式推导了岩体动力失稳的判据，这对于震源系统动力失稳机制的认识有重要意义。如潘岳等据此两体系统力学模型结合突变理论推导了岩体动力失稳的判据及其释放的能量，建立动力失稳判据如下：

$$\frac{\mathrm{d}\dot{\mathit{\Pi}}}{\mathrm{d}u} = F'(u)\frac{\dot{F}(u)}{k_n} + F(u) - P'(u_p)\frac{\mathrm{d}u_p}{\mathrm{d}u} = 0 \tag{6-10}$$

式中，$J = P(u_p)\dfrac{\mathrm{d}u_p}{\mathrm{d}u}$，$J$ 为外界对两体系统的加载参数，表示使 II 体产生单位的形变 $\mathrm{d}u$ 时所需外界输入给系统的能量。在 $J \geqslant 0$ 时，系统将会以准静态形式失稳，而不发生动力失稳；$J < 0$ 时，系统将会产生动力失稳。

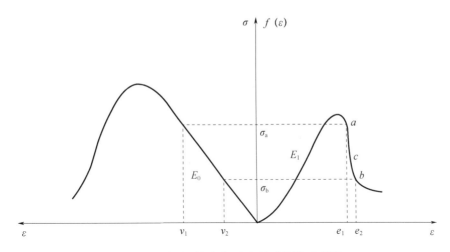

图 6-9　震源两体应力-应变关系曲线示意图

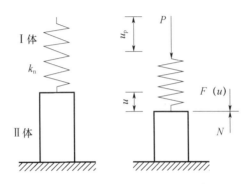

图 6-10　两体系统抽象出的力学模型

通过突变模型推导的了两体系统失稳释放的转变为自身有量纲动能 T：

$$T=-E=-\frac{(1+m)^2}{2K}F(u_e)u_e\Delta \prod_0=\frac{(1+m)^2}{K}F(u_e)u_e\frac{2}{3}x_s^3 \tag{6-11}$$

刘少虹等采用时效损伤本构模型作为煤岩体本构，并结合突变理论，建立起一维动静加载下煤岩组合系统力学模型如图 6-11 所示。

获得动静加载下煤岩组合系统发生突变失稳的判据：

$$K=\frac{E_Y}{\alpha E_2}\leqslant\frac{m^2+m-1}{\exp(m+1)} \tag{6-12}$$

失稳破坏过程中释放的能量为：

$$U=\frac{1}{2}E_2Su_{00}^{\frac{4-2m}{m}}L^{\frac{-2m^2+6m-4}{m}}\exp(-m-1)\left(A_0+B_0\frac{E_Y}{\alpha E_2}\right) \tag{6-13}$$

上述简化的力学模型比较抽象，推导的失稳判据中刚度条件往往只考虑了轴向等效刚度，与实际工程情况有一定的差距，从而难以实际应用，实际工程中震源是一个三维空间几何体，震源处于周围岩体的约束之中，破裂体处在三维应力

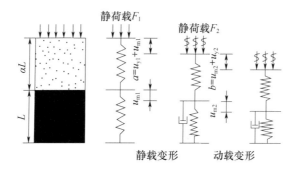

图 6-11　动静载下煤岩组合系统的力学模型

状态，其刚度不仅有轴压刚度效应，还有围压刚度效应，而围岩刚度的界定是与震源的空间尺度特征相关的，只有充分考虑这些实际情况，才能将理论应用于实际工程指导。王绳祖等在研究地震震源时通过对固体围压岩石三轴试验和理论分析发现，"震源环境刚度"（围压及轴压系统刚度）是震源力学环境的决定性参数，是影响岩体应力降的重要因素，在三轴试验条件下，轴向的应力降和围压系统刚度一般呈双曲线关系，前者随着后者的增大而减小，当围压系统刚度足够大时，应力降接近零，也即突发应力降将不会出现，系统也就不会失稳。因此，环境刚度效应对系统的失稳条件和失稳过程中所释放的能量都具有重要的影响。

（1）静力作用下系统动力失稳条件

根据震源模型定义，将其简化为图 6-12 所示的考虑围压刚度效应的两体作用模型，虚线区域表示破裂体，实线与虚线线框之间的弹簧代表外围的释能体，弹簧（释能体）上方的力 P 表示作用在两体系统轴向的外力（分布力）的等效力，u_p 为力 P 作用点的位移，u_n 为弹簧压缩量，s 为破坏体环向位移。

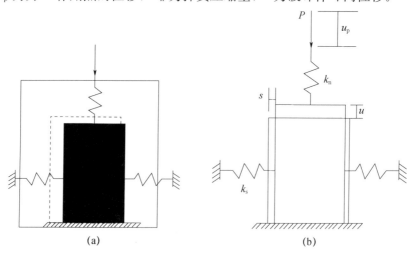

图 6-12　考虑围压刚度效应的两体作用力学模型

图中系统的外力 P、II体的承载力 $F(u)$、I体内力 N 及变形之间关系为：

$$p = N = k_n u_n = F(u) = u \dot{F}(u) \tag{6-14}$$

根据弹性理论，II体总势能函数为：

$$\varPi = \frac{1}{2} k_n u_n^2 + \int_0^u F(u) \mathrm{d}u + k_s s^2 - \int_0^{u_{p(u)}} P(u_p) \mathrm{d}u_p \tag{6-15}$$

由于在准静态阶段II体处于塑性阶段，体积应变保持不变，因此有：

$$s = \gamma u$$

将式（6-15）对 u 求导，可得以下的平衡方程：

$$\frac{\mathrm{d}\varPi}{\mathrm{d}u} = k_n u_n \frac{\mathrm{d}N}{k_n \mathrm{d}u} + F(u) + 2k_s \gamma^2 u - P(u_p) \frac{\mathrm{d}u_p}{\mathrm{d}u} = 0 \tag{6-16}$$

利用式（6-14），以上系统的准静态形变平衡方程变为：

$$\frac{\mathrm{d}\varPi}{\mathrm{d}u} = F(u) \frac{\dot{F}(u)}{k_n} + F(u) + 2k_s \gamma^2 \frac{F(u)}{\dot{F}(u)} - P(u_p) \frac{\mathrm{d}u_p}{\mathrm{d}u} = 0 \tag{6-17}$$

令 $J = P(u_p) \dfrac{\mathrm{d}u_p}{\mathrm{d}u}$，$J$ 的物理意义与上述分析一样。在 $J \geqslant 0$ 时，系统将以准静态形式失稳，不发生动力失稳；$J < 0$ 时，系统发生动力失稳，这与潘岳等推导的两体动力失稳过程是一样的，但其中隐含的失稳条件则不一样。

当 $J = 0$ 时，有：

$$F(u) \frac{\dot{F}(u)}{k_n} + F(u) + 2k_s \gamma^2 \frac{F(u)}{\dot{F}(u)} = 0 \tag{6-18}$$

即：$\dfrac{\dot{F}(u)}{k_n} + 1 + 2k_s \gamma^2 \dfrac{1}{\dot{F}(u)} = 0$，令 $\dot{F}(u) = x$，则有：

$$x^2 + k_n x + 2k_n k_s \gamma^2 = 0 \tag{6-19}$$

由于II体在峰后阶段，$x < 0$，因此：

$$x = \frac{-2k_n - \sqrt{k_n^2 - 8k_n k_s \gamma^2}}{2} \tag{6-20}$$

即：$\dot{F}(u) = -\left(k_n + \dfrac{\sqrt{k_n^2 - 8k_n k_s \gamma^2}}{2}\right)$

单轴串联模型所推出的临界失稳条件为：$\dot{F}(u) = -k_n$，与之相比有围压作用时系统更不容易达到失稳条件，从式（6-20）还可以看出，当 $k_n^2 < 8k_n k_s \gamma^2$ 时，方程是无实解，也即是围压刚度达到某一临界值时，系统将不再会发生动力失稳。由此可见，围压刚度对系统是否发生动力失稳具有关键的影响。

（2）动力扰动下系统动力失稳条件

岩体冲击是动力灾害，岩体的破坏速度必须极快，顾金才等试验研究发现当试件达到峰值强度和变形极限后，再加载使其进入破坏过程时，岩体的破坏速度与再加载速度密切相关，加载速度快破坏速度就快。当外界向系统供给能量的输入效率较稳定时，系统能量可以通过稳定的速率进行耗散，产生静力型破坏，当外部应力超过该区域承载能力时，应力将转移到更深部的原始应力区；而当有较大或突变的外部能量输入效率变化时，能量的耗散将远远来不及抵消能量的输入，系统将发生动力失稳。实际工程中的动荷载容易引起冲击地压，其机理就在于此，动载的作用会使得系统中释能体短时间内产生极大的应变速率，对破裂体来说是高速加载，能量输入效率高，从而产生动力冲击。上面对静力扰动状态两体冲击条件进行了分析，实际工程中发生的岩爆或冲击地压，有很多是动力扰动诱发，动力扰动一方面使 II 体应力和能量达到极限水平，另一方面使得 I 体获得加速度，这对两体的失稳条件有重要影响。

令 I 体质量为 M_1，II 体质量为 M_2，II 体中的力是时间和位移的函数 $P_2 = F(u, t)$，I 体中的力 $P_1 = k_n (u_p - u) + M_1 \dfrac{\mathrm{d}^2 u_p}{\mathrm{d} t^2}$，准静态阶段的总势能函数：

$$ \varPi = \frac{1}{2} k_n u_n^2 + \int_0^u F(u) \mathrm{d}u + k_s s^2 - \int_0^{u_{p(u)}} P(u_p) \mathrm{d} u_p - \frac{1}{2} M_1 \left(\frac{\mathrm{d} u_p}{\mathrm{d} t} \right)^2 \tag{6-21} $$

令 $E_v = \dfrac{1}{2} M_1 \left(\dfrac{\mathrm{d} u_p}{\mathrm{d} t} \right)^2$，根据静力扰动推导过程，可得准静态平衡方程：

$$ x^2 + \left(k_n - \frac{\mathrm{d} E_v}{\mathrm{d} u} \right) x + 2 k_n k_s \gamma^2 = 0 \tag{6-22} $$

$$ \dot{F}(u) = x = \frac{-2 \left(k_n - \dfrac{\mathrm{d} E_v}{\mathrm{d} u} \right) - \sqrt{\left(k_n - \dfrac{\mathrm{d} E_v}{\mathrm{d} u} \right)^2 - 8 k_n k_s \gamma^2}}{2} \tag{6-23} $$

由于 I 体具有加速度，相当于其刚度减小了，与没有动力加速度作用的情况相比，刚度条件更容易满足，系统更易处于不稳定状态，这时更容易发生冲击地压，且冲击强度更猛烈，系统破坏时释放的能量比静力状态下要多 $\dfrac{1}{2} M_1 \left(\dfrac{\mathrm{d} u_p}{\mathrm{d} t} \right)^2$，这也解释了为何软弱无冲击倾向性煤层也会产生冲击。

根据上面的分析可以得出以下结论：当外界向系统供给能量的输入效率较稳定时，系统能量可以通过稳定的速率进行耗散，产生静力型破坏，当外部应力超过该区域承载能力时，应力将转移到更深部的原始应力区；只有当系统有较大的突变时，能量的耗散将远远来不及抵消能量的输入，才会发生动力失稳。系统的突变可由内因和外因引起，内因就是系统本身的突变特性，主要受破裂体峰后刚度和释能体刚度两个因素控制；外因则指外部能量输入效率变化，主要指外界动力扰动作用。当系统内因满足时，没有外因作用也能产生突变，发生通常说的静力型冲击地压；当系统内因不满足时，通过外因的作用影响，内因会发生调整满足突变条件，发生通常所说的动力型冲击，外因是通过影响内因来诱发冲击的。实际中发生的冲击可能主要由内、外因中某一个条件变化引起，也可能由多个条件同时变化引起。潘岳等指出若破裂体本身具有突变特性（可以理解为冲击倾向性强），则其破裂时系统一定发生动力失稳，这一类型冲击主要是由破裂体峰后刚度这一内因主导；对于破裂体本身无峰后突变特性（可以理解为破裂体冲击倾向性较弱），但峰后曲线较陡，其与释能体组成的系统能够满足刚度准则，从而发生动力失稳，这是破裂体峰后刚度和释能体刚度内因的共同主导；三是破裂体本身无冲击倾向性，与释能体组成的系统在静力状态下也难以达到刚度条件要求，但在外界动力扰动作用下可以满足这一条件，从而产生冲击，这是外因主导，内外因共同作用下的冲击；还有一种冲击是破裂体本身具有突变特性，同时还受外界动力扰动作用，这可看成破裂体峰后刚度和外界动力扰动两种因素主导的冲击，这种冲击往往比较强烈。

6.2 破裂体能量释放影响因素

控制冲击地压是否发生以及强度大小的关键因素一是弹性余能大小，另一个是能量释放的时间（动态破裂时间），弹性余能越多，转化动能能力越强，如果弹性余能以较短时间释放，将产生强烈的动力现象，引起巨大动力灾害；如果弹性余能缓慢释放，时间足够长，则不会导致动力破坏。因此，在分析震源体能量释放机制时必须综合考虑能量和时间的影响，其核心便是能量释放速率。

6.2.1 破裂体张拉破裂动力学机制

实际上天然岩石中含有孔隙、裂隙等各种尺度的原始缺陷，从细观裂纹扩展角度来看冲击在本质上是岩石内部脆性裂纹动态扩展导致碎裂弹射的动力学过程，是一个涉及裂纹成核、扩展、相互作用等机制的复杂的时间过程。由于冲击常常发生在干燥、完整性好或质量好的硬岩中，为便于理论分析，可假设冲击破裂体内裂隙（缺陷）均匀分布，将冲击破裂体破裂过程抽象为一个含等间距裂纹阵列的一维脆性体扩展断裂的动力学模型，即在外部均匀拉伸位移作用下脆性体所有裂纹同时成核、扩张（图 6-13），其内部荷载（能量）通过多点断裂得以释放。

定义单位裂纹体内部的平均应力下降为零的时刻（$\bar{t}_f$: $\bar{\sigma}_{ave}$ $(\bar{t}_f) = 0$）为脆性岩石破裂过程完成时刻，这一时间段即对应着岩石的动态破裂时间。图 6-14 所示为根据上述动力学模型求解得到的 4 种应变率作用下脆性体动态破裂时间与裂纹间距的关系曲线，从图中可看出：

（1）对于任何一个给定应变率，总存在一个适当的裂纹间距，使脆性体的动态破坏时间最短；

（2）随着应变率的增加，对应于动态破坏时间最短的裂纹间距以及动态破坏时间都会降低。

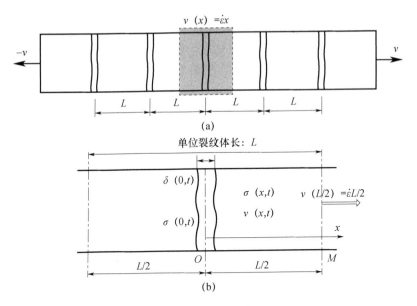

图 6-13　含等间距裂纹一维脆性体均匀拉伸断裂动力学模型

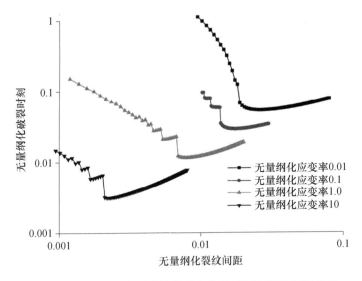

图 6-14　不同应变率下脆性体动态破裂时间与裂纹间距关系

6.2.2　影响破裂体动态破裂时间的主要因素

由上述分析可知，除了强度外，破裂体微裂纹间距也是影响其动态破裂时间的关键因素之一，如果岩石内部存在充分多均匀分布的裂纹成核点，岩石碎裂过程作为一个裂纹阵列自然成核与发展过程，在一定的应变率条件下可认为其将自然地"选取"最合适的成核裂纹间距（最优成核裂纹间距），从而在最短时间内释放荷载（能量），即满足"最快速卸载"，这是脆性碎裂过程的重要特征。但由于岩石是一种宏观上均质，细观上非均质的材料，非均质程度越高，说明其内部缺陷分布差异越明显，在受载过程中部分强度较低裂纹优先扩张，从而抑制了裂纹自然选取最优间距成核扩展过程，使得岩石动态破裂时间增加。非均质度越低，表征其内部初始损伤（成核裂纹点）分布越均匀，裂纹扩张临界强度差别越小，岩石破裂过程中裂纹按照最优间距同步成核扩展的概率越高，岩石动态破裂时间越小，使得能量释放速率增大，冲击倾向性增强。

根据上述理论还可以看出，冲击破裂体动态破裂时间还与外部荷载作用下的应变率紧密相关，应变率越高，单位裂纹体的完全卸载时间越短，对应的成核裂纹间距越小，意味着单位裂纹扩展速率越快，裂纹扩张数量越多。宏观表现为破坏过程中能量释放速率加快，破碎程度增加。不同冲击速度下岩样破坏形态如图 6-15 所示。

(a) V=15.28 m/s   (b) V=16.74 m/s

(c) V=18.17 m/s   (d) V=19.55 m/s   (e) V=21.17 m/s

图 6-15　不同冲击速度下岩样破坏形态

综上分析可知，冲击破裂体能量释放速率不仅与其强度有关，还与其细观结构均质性和应变率有关。其中细观结构的均质性是其本身的自然属性，而应变率则与外部荷载作用密切相关，可见冲击破裂体能量释放速率不仅仅由其自身特性决定，还与外围系统作用相关。

6.3 释能体能量释放影响因素

释能体在冲击过程本身不会发生破坏，其能量释放主要由于破裂体破裂引起。冲击在某种程度上来说也是一种动态碎裂过程，根据动态碎裂理论，岩石内部断裂点处产生的卸载波（Mott 波）以有限速度向外传播，释放相邻材料的应力，可见在破裂体破裂时会对周围岩体产生卸载效应。

在实际工程中，冲击震源体是一个三维空间几何体，为了便于理论分析这一卸载过程，将其简化为二维平面问题，简化后力学模型如图 6-16 所示，中间为半径 a 的破裂区，外围为释能区，P 可视为远场作用荷载。在某一时刻 t，破裂区单元达到极限应力状态，开始破裂产生应力降，在 Δt 时间内产生应力降 Δp_0，这一过程对释能区岩体来说等效于一次卸载作用。

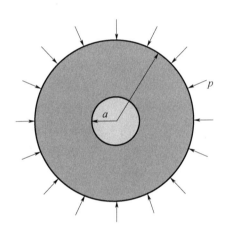

图 6-16　岩爆震源平面力学模型

假设该卸载过程中应力降线性变化如图 6-17 中实线 1 所示，这一卸载过程可分解为的初始应力状态（虚线 2）和拉荷载（虚线 3）的叠加。

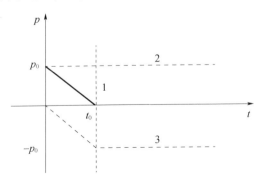

图 6-17　应力-时间动态卸载曲线

求解得到不同卸载速率下释能体径向动态应力降和应变能量密度变化（图 6-18），在卸载速率较大时产生了明显的动态效应，在 $r=2a$ 处径向应力先是短时间内大幅度降低，而后缓慢回升再降低，最终与准静态卸载结果趋于一致；释能体弹性应变能密度也经历了先快速降低释放能量，而后增加吸收能量，最后又降低趋于静态卸载结果这一过程。分析显示当卸载时间短时，在卸载时间 Δt 内释能体径向应力降和应变能密度降要远大于卸载时间短较大的时候。卸载时间越短，意味着卸载速率越大，单位时间应力降和应变能密度降越大，意味着释能体弹性势能减小越快，动能增大。

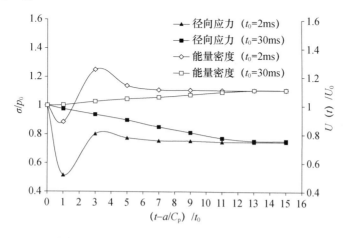

图 6-18　半径 $2a$ 处应力和能量密度动态变化

根据上述分析可以看出释能体能量动态传递的机制：在动态破裂时间内，随着卸载应力波由破裂面向释能体岩体深部传播，能量以径向应力做功的方式在释能体中传递。在围岩被卸载应力波扰动的初始时间段（动态破裂时间），近区围岩应变能均会动态降低，释放大量能量，远端的深部岩体通过径向应力做功的方式向近区围岩补充能量，最终使得近区围岩能量回升至与静态卸载结果趋于一致，这一过程进行相对缓慢。可以将近区围岩能量动态释放效应称之为"能量预支"，由于冲击地压往往瞬间发生，持续时间非常短，位于远端围岩在如此短时间内还来不及变形为破裂体破裂提供能量，所以近区围岩通过动态应力降来预支部分弹性能来满足破裂体破裂和冲击的需要，在后续过程中再由远端围岩对近区岩体进行能量补充，最终达到新的平衡态；远处的围岩没有直接参与破裂体动态破裂过程，但从最终静态结果来看其相当于间接地向破裂体提供自身的能量，这也解释了为何冲击地压发生后一段时间内会在较远处观测到应力释放。

应力瞬态释放产生的卸载扰动以弹性波速向外传播，质点振动速度与波阵面上应力存在如下关系：

$$v = \sigma / (\rho C_p) \tag{6-24}$$

式中，v 为质点峰值振动速度；σ 为波阵面上的即时应力；ρ、C_p 分别为岩体的密度和弹性纵波速度。

在释能体中动态荷载诱发的质点峰值振动速率衰减规律可以表示为：

$$V(r) = k \frac{p_0}{\rho C_p} \left(\frac{a}{r} \right)^{\beta} \tag{6-25}$$

式中，β 为振动衰减系数，与释能体岩体岩性、地质环境、应力水平相关。

根据能量守恒，震源体平面模型中两体动态作用时间 t_0 内释能体所能释放的总弹性应变能为：

$$\Delta E = \frac{1}{2} m v^2 = \pi \rho \int_a^b r \left[\frac{b-r}{b-a} V(r) \right]^2 dr \tag{6-26}$$

式中，b 为震源尺度半径。

从式（6-26）中可以看出，影响释能体能量释放的自身因素有岩体拉梅常数、应力水平 p_0、应力波衰减系数、冲击源特征尺度 a、b。

释能体能量释放特征除了与自身应力环境和物理力学性质相关外，还受到破裂体中破裂速度等因素影响，破裂体破裂速度越快，能量释放速率越高，其相对释能体的动态卸载速率就越高，释能体能量释放速率也越大。

6.4 震源两体力-能协同作用机制

6.4.1 破裂体对释能体的动态卸载作用

根据释能体能量释放机制及其影响因素分析可知，释能体能量释放不仅与自身物理力学性质和应力条件相关，还受到破裂体中破裂速度等因素影响。根据断裂损伤力学理论，破裂体承载力降低可视为其裂纹扩展使得岩体结构有效承载面积减小，假设 Δt 时间内裂纹传播速度为 v_s，则有：

$$\Delta s = k_s v_s \Delta t \tag{6-27}$$

式中，k_s 为裂纹形状系数；Δs 为有效承载面积减小量。

应力降 Δp_0 可表示为：

$$\Delta p_0 = k_\sigma \Delta s \tag{6-28}$$

式中，k_σ 为裂纹面应力承载系数。

根据式（6-27）、式（6-28）可得破裂面上卸载速率表达式：

$$\gamma = k_\sigma k_s v_s \tag{6-29}$$

可见，卸载速率正比于破裂体中裂纹扩展速度。

当破裂体达到极限应力状态后，裂纹快速发展、贯通将导致其承载力降低，产生突然应力降，引起释能体的卸载。对于具有冲击倾向性的岩体，由试验可知其破裂应力降较大，裂纹扩展速度很快，动态破裂时间非常短，因此破裂的产生卸载速率会很大，应力释放速度超过一定阈值后将在围岩中激发出明显的动态拉应力，产生动态卸载效应。

6.4.2　释能体对破裂体的动态加载作用

根据破裂体能量释放机制及其影响因素分析可知，破裂体裂纹扩展速度与外围系统作用的荷载速率密切相关，作用于破裂体的加载速率越高，其裂纹扩展速率就越快，能量释放速率越快。实际上破裂体裂纹扩展速率不可能无限增大，按照线弹性理论预测裂纹的极限速度是瑞利波速，而试验研究表明快速冲击的裂纹达到的最大速度是材料特征速度，且远远小于瑞利波速，也即当裂纹扩展速率增加达到材料特征速度时，裂纹扩展速率将不在增长，而是产生大量偏离主裂纹的微观分叉，此时主要表现为裂纹数量大幅增加，宏观表现即为岩石碎裂程度更高。根据破裂体体动态破裂机制分析可知，外部环境作用对破裂体动态破裂时间和破碎程度的影响主要体现为应变率效应，因此两体模型中释能体对破裂体的作用机制可归结为动态加载效应。

在实际冲击过程中，释能体产生弹性回弹释放弹性应变能，这一部分能量转变成自身动能的同时对冲击破裂体做功，进一步加速破裂体破裂进程，相当于对破裂体施加了一个动态荷载，即释能体对破裂体的作用等效于动态加载。释能体动能越大，对破裂体的动态加载速率越高，破裂体破裂速度越快，动态破裂时间越短，碎裂程度越高，能量释放速率越大；如果释能体对破裂体的能量补充速度（加载速率）缓慢，也不会发生动力性冲击灾害，只有达到一定速率的能量汇集，才会导致动力性冲击地压。

6.4.3　两体作用的动态反馈机制

两体动态交互作用下的冲击地压过程可划分为以下几个阶段：

第一阶段为初始加速阶段，此时释能体与破裂体相互作用形成一个协同反馈机制：破裂体在达到临界应力条件时受自身物理力学性质控制发生高速破裂和能量释放，继而引起释能体的动态卸载，破裂体能量释放速率越快，反馈给释能体的卸载速率也越快，导致释能体能量释放速率越快；释能体快速卸载回弹又会对破裂体产生动态加载作用，使得破裂体能量释放速率增大，如此动态往复，形成正反馈机制。

第二阶段为动态稳定阶段，此时裂纹扩展速率达到由其材料特征决定的极限速率，不再增加，而是发生一定程度的振荡，释能体能量速率保持稳定，主要用于裂纹数量（裂纹分叉）增加。

第三阶段为减速作用阶段，此时两体作用形成一个负反馈机制，释能体能量释放速率减小，裂纹扩展速率相对减小，直至裂纹失稳扩展条件不再满足，两体动态作用结束。

6.4.4 释能体对破裂体作用的统一能量机制

根据上述分析可知，释能体是冲击过程中能量释放的重要来源，对震源能量释放有重要影响，这一点在现有岩石两体研究均有体现。研究表明，释能体特性诸如高度、强度、均值度等对破裂体的动态破裂时间、破裂模式和能量释放速率具有重要影响，但对两体间强度、高度、组合模式、应力状态等比例影响因素背后的统一力学机制探讨较少。

根据两体系统能量释放机制分析可知，释能体能量释放是由其积蓄的弹性势能转化而来，其积蓄的弹性势能越大，转换为动能的效率越高，则其动能越大，对破裂体的加载速率越大。现有冲击地压能量判别指标大多基于破裂体能量释放，对同样参与能量释放的释能体关注较少，即便考虑也是以两体系统的形式，而缺少对释能体能量释放特性和影响因素的单独分析。为了综合评价释能体对系统能量释放特性的影响，定义释能体有效能量释放速率 k 如下：

$$k = (1-\lambda)\, \eta \Delta U_1 / t_d \qquad (6\text{-}30)$$

式中，$\Delta U_1 = VR \cdot f(E, \mu, \sigma, \Delta\sigma)$，为释能体弹性应变能减小量；$\lambda$ 为释能体卸荷回弹过程中塑性变形等耗散能量占比；t_d 为动态破裂时间。

式（6-30）中包含了释能体的体积、弹性模量、泊松比、应力水平、应力降、卸载能量特性等条件对冲击破裂体动态加载速率的影响，现有两体组合冲击倾向性试验中有关刚度、强度、高度等因素的影响可以用 k 这一指标来统一表征。

（1）释能体高度的影响

通过设计不同的两体组合方案，模拟分析与能量相关的参数变化对系统稳定性的影响。两体力学参数按照某矿冲击倾向性岩样室内试验力学试验参数折减获得，其中两体中破裂体在模拟过程采用应变软化模型，模拟试样为直径 2m，高度 4m。具体参数数值见表 6-1。

表 6-1　两体组合数值模拟力学参数

两体	体积模量/MPa	剪切模量/MPa	黏聚力/MPa	摩擦角/（°）	抗拉强度/MPa
释能体	20117	10496	4.6	40	1
破裂体	6296	2361	3	27	0.15

由破裂体高度不变，释能体取不同高度时破裂体加载过程中的应力-应变曲线（图 6-19）及剪切应变率变化图（图 6-20）可以看出，在高度比为 1.5 时，破裂体峰后曲线明显变陡，剪切应变速率明显增加，说明系统越容易发生岩爆，且释放的能量越大，可见释能体的高度对冲击破裂能量释放过程有重要影响。释能体高度越大，k 值越大，释能体对破裂体的动态加载速率越高，震源体能量释放速率越大。释能体高度对其冲击倾向性影响用动态加载作用机制解释如下：在室

内试验过程中岩样的动态破裂时间数量级约为毫秒，岩样中 P 波波速数量级每秒达到千米，据此估算其极限释能体尺度数量级为米级，显然试验时两体结构中顶板（释能体）高度远远低于该尺度，因此随着释能体高度增加，释能体尺度增大，在其他条件不变的条件下总体能量释放量增加，能量释放速率变大，使得破坏速度加快，裂纹数量增多。但并不是释能体高度值越大，其冲击倾向性就越强，这一高度是有其极限的，通常实验室条件下受设备限制，试样岩石的高度远远达不到这一极限，这一点是目前试验中没有体现的。

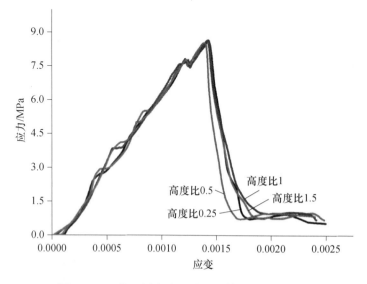

图 6-19 两体不同高度比时破裂体应力-应变曲线

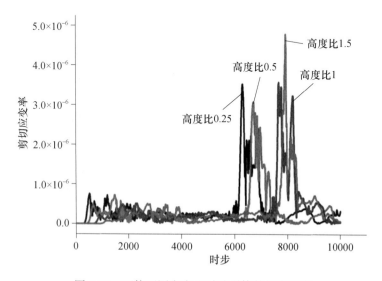

图 6-20 两体不同高度比时破裂体剪切应变率

（2）释能体应力状态的影响。

实际工程中冲击地压震源体的破裂体通常沿巷道两帮临空分布，处于双向或近似单向应力状态，而释能体一般位于峒室围岩较深部，一般处在三向应力状态，在围压作用下其应力水平与分布在峒室浅部的破裂体并不完全一致，导致其能量存储和释放特性的变化（图 6-21）。设计数值模拟试验来分析释能体围压对两体系统冲击特性的影响。

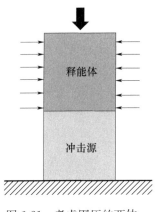

图 6-21　考虑围压的两体组合数值模型

从图 6-22 可以看出随着释能体围压的增大，破裂体应力-应变曲线峰后变得更陡，峰后应力降更大，从图 6-23、图 6-24 可以看出随着释能体围压增大，破裂体破裂时轴向位移速率和剪切速率也更大，说明随着释能体围压的增大，破裂体应变速率加快，破裂过程中释放的能量更大。从破裂体应力-应变曲线可以看出当围压大于 10MPa 时，也出现了类似的动态应力降现象，破裂体应力从峰值快速跌落到零水平，之后又缓慢回弹上升，并最终稳定在某一峰后残余应力水平，说明由于释能体围压的增大，破裂体动态应力降增大，动力效应更明显，能量释放速率更大。根据以上分析可知，随着释能体围压增大，在达到相同的轴向应力水平时释能体积累的弹性能量增大，在破坏的瞬间能够有效释放的弹性能也越多，这也是为何高构造应力区岩爆强度往往较高的原因之一，模拟结果证实上文理论分析是合理的。

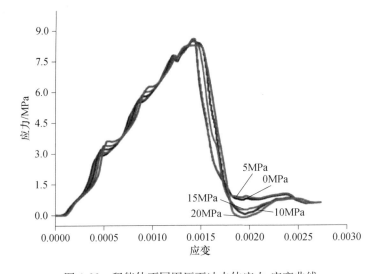

图 6-22　释能体不同围压下冲击体应力-应变曲线

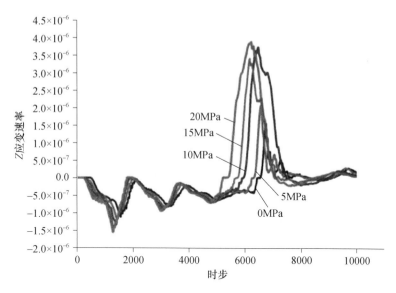

图 6-23　释能体不同围压下破裂体 Z 方向位移速率

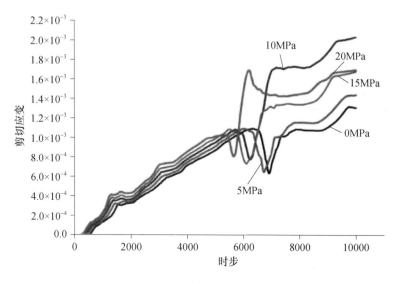

图 6-24　释能体不同围压下破裂体剪切应变

6.5　巷道震源释能体的应力降特征分析

对于破裂体应力降可以通过室内岩石力学试验进行确定，而在实际地下围岩中破裂体产生某一应力降以后会引起释能体内产生多大的应力降目前还不明确，以前学者包括上面所推导的两体系统模型都没有考虑空间体积的影响，而是简单地将释能体假设为一个弹簧，与实际情况有所出入，实际震源是一个空间尺度，其应力降模型是比较复杂的，在震源的不同空间位置其应力降可能是不一样的，释放的能量也是不同的。

（1）巷道震源释能体的应力降模式

研究表明，深部冲击地压事故空间上 91％发生在巷道，因此以巷道周围岩体空间为例来说明实际震源应力降的复杂性，如图 6-25 所示，根据弹塑性力学分析可知，巷道开挖后从表层到深部分布出现 3 个特征区：破碎区（卸载和应力降低区）、弹性区（应力增高区）、原始应力区。在煤岩体破碎区，随着巷道的开挖，原岩应力平衡被打破，导致破碎区煤岩体承载能力遭到的破坏很大，甚至产生部分煤岩体承载能力的丧失；在煤岩体原始应力区，采动对该区域煤岩体几乎不产生影响或影响有限，其对冲击地压的贡献很有限；位于最大垂直应力下部的弹性区，承受着上覆岩层和巷道开挖引起的集中荷载，该区域煤岩体一方面通过弹性能的形式储存吸收的能力，同时又将存储吸收的能量通过表面能、塑性势能等形式向外耗散掉。实际在井下由于围压效应，该区域煤岩体的强度一般比较大，始终储存着大量的弹性能，在巷道开挖后该区域内部变化最为剧烈，是冲击地压能量的最主要和最直接的来源。弹性区和破裂区是震源的主体区域，另外还包括顶底板的部分区域，其中弹性区也是释能体主体。

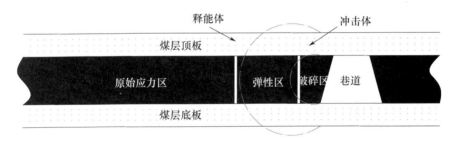

图 6-25　巷道震源作用区域示意

对于震源来说，它处在一种三向应力状态，根据冲击基本特点，忽略中间主应力方面的变化，采取如图 6-26 所示的二维简化平面受力模型。沿水平方向受到原岩应力区和破碎区的挤压处于水平压缩状态，相当于弹簧相互挤压作用，同时还受顶底板的夹持作用，在某一原位状态下保持动态平衡，此时冲击区岩体对释能区有一定的约束，在此约束下弹性区系统维持平衡。根据弹性区岩体的受力特征，对弹性释能区岩体结构单元做如下假设，构建如图 6-27 所示的释能体力学模型。

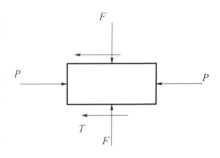

图 6-26　弹性区岩体平面
受力状态示意

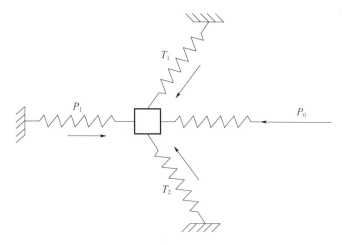

图 6-27　释能体力学模型

P_1 弹簧刚度为 K_P，表示释能体的轴向刚度，在这里以水平方向分析，T_1、T_2 为弹簧刚度为 K_{t1}、K_{t2}，它表示围压刚度，为分析方便，令 $K_{t1} = K_{t2}$，体现其他方向岩体对释能体的挤压和约束作用；P_0 为冲击区对它的约束应力，考虑准静态平衡，忽略单元的惯性力和阻尼等动力学参量，有初始静态平衡方程：

$$P_0 + T_1 \times \cos(\theta_1) + T_2 \times \cos(\theta_2) = P_1 \tag{6-31}$$

$$T_1 = Y_1 \times K_{t1} = T_2 = Y_2 \times K_{t2}，P_1 = X_1 \times K_p$$

式中，θ_1、θ_2 为弹簧 T_1、T_2 与弹簧 P 的夹角。某一时刻 P_0 方向突然产生应力降 ΔP_0，为了维系系统平衡，内部会进行自组织的调整，以使系统再次平衡，此时 P 弹簧变形改变为 ΔX_1，T 弹簧变形为 ΔY_1，则有系统平衡方程：

$$\Delta Y_1 \times K_{t1} \cos(\theta_1) + \Delta Y_2 \times K_{t2} \cos(\theta_2) = \Delta P_0 - K_p \times \Delta X_1 \tag{6-32}$$

假设 T 弹簧变形过程中角度变化非常小，且 $\theta_1 = \theta_2$，可认为：

$$\Delta Y_1 = \Delta Y_2 = \Delta X_1 / \cos(\theta_1)$$

则可以推出：

$$\Delta X_1 = \frac{\Delta P_0}{(2K_{t1} + K_p)} \tag{6-33}$$

$$\Delta P_1 = K_p \times \Delta X_1 = \frac{\Delta P_0}{\left(2\dfrac{K_{t1}}{K_p} + 1\right)} \tag{6-34}$$

可见，$\Delta P_1 < \Delta P_0$。

如图 6-28 所示，释能体可看成是有无数个这样的单元体串联而成。

令 $K = 2\dfrac{K_{t1}}{K_p} + 1$，$K$ 可以看作刚度，是与岩体自身弹模及受力状态相关的参数，这里为了简化分析将其设为常量，则某一方向不同位置单元应力降可表示为：

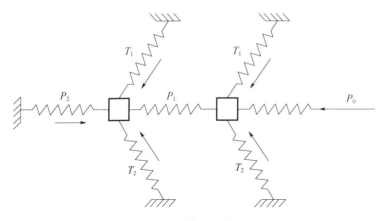

图 6-28 释能体单元串联模型

$$\Delta P\ (n)\ =\Delta P_0/\ (K)^n \tag{6-35}$$

$$X\ (i)\ =\frac{(K_{\mathrm{p}})^{i-1}\Delta P_0}{(K_{\mathrm{t1}}+K_{\mathrm{t2}}+K_{\mathrm{p}})^i}=\Delta P_0/K_{\mathrm{p}}\ (K)^i \tag{6-36}$$

$$\sum_{i=1}^{n}X_i=\frac{\Delta P_0}{K_{\mathrm{p}}K}\frac{(1-K^{-n})}{(1-K^{-1})} \tag{6-37}$$

$$\lim_{n\to\infty}\sum_{i=1}^{n}X_i=\frac{\Delta P_0}{2K_{\mathrm{t1}}} \tag{6-38}$$

可见在某一方向释能体与破裂体接触面产生一个应力降 ΔP_0 后，释能体从表面到深部的应力降是逐渐降低的，且呈指数降低，直至应力降接近零，即为释能区边界。对应在实际工程中就是当破裂体受扰动达到极限状态，开始产生破坏，此时应变加速，产生应力降，原本两体平衡被打破，释能体产生上述所示过程进行自组织调整，在此过程中释放弹性能。离冲击区越远，应力降越小，释放能量越少，直至不再释放。因此，在上述震源模型中，存在一个释能区边界 R_0。实际地壳环境中，近场应力随着到缺陷的距离快速衰减（二维情况为 r^{-2}，三维情况为 r^{-3}），因此远离缺陷直径 3 倍距离的未扰动区域的应力可做远场应力，这一结论与破裂体破裂引起的应力降随着距离破裂体的距离快速衰减的推论是吻合的，根据上述推导，理论上应力场中某一应力降会引起无限远处的应力发生改变，但超过一定的距离后这一变化就可以忽略，也即认为在破裂体体积几倍区域范围内可认为是释能体对其作用区域，该区域的岩体产生一定的卸载，且释放的能量能够作用于破裂体的冲击，而再外围的岩体即使产生了微弱的应力降释放少量的能量，但这部分能量将在传播过程中损耗掉，从而无法对破裂体做功，不参与冲击的进程。实际在整个冲击过程中，由于释能区域岩体材料不均匀以及受力状态不同，释能体与破裂体并不是固定不变的，二者之间的边界是动态变化的，一方面释能体释放能量促进破裂体破坏；另一方面破裂体破坏减弱对释能体的约束，改变释能体的受力状态，使得部分释能体强度降低，产生破坏，二者是一个动态作用过程，冲击的结果通过抛掷出部分破裂体释放多余的能量使二者再度达到一种新的平衡，这一新的平衡在某一合适条件下又会产生新的冲击。

（2）考虑应力降不均匀的震源能量释放分析

根据上述应力降分布模式分析，破裂体破裂产生的应力降 $\Delta\sigma$ 会引起的释能体不同位置产生不同应力降 $\Delta\sigma_i$，释放不同的能量，当将震源简化为特定几何形状时，可以求得其能量与特征尺度的关系。

1）圆盘模式震源

地震学中常将震源模型简化为一个单位厚度的圆盘，这里也将震源看作一个圆盘，假定区域应力场均匀且处于弹性状态，弹性模量为 E，应力水平为 σ_a，破裂体产生的初始应力降为 $\Delta\sigma_0$，释能体内的应力降随远离破裂体呈指数衰减，根据常用的应力波衰减公式，定义应力降衰减关系式：$\Delta\sigma = K\dfrac{\Delta\sigma_0}{r^2}$，$K$ 为衰减系数，这里假定为常数，则可推导出半径为 r 处的 dr 圆盘区域应力降所释放的能量：

$$dU = dW \times dS = \left(\sigma_a + \frac{1}{2}\Delta\sigma\right)\left(\frac{\Delta\sigma}{E}\right)\left[\pi(r+dr)^2 - \pi r^2\right]$$

$$= \frac{\pi}{2E}\left[2\sigma_a K\frac{\Delta\sigma_0}{r^2} + \left(K\frac{\Delta\sigma_0}{r^2}\right)^2\right]\left[4rdr + (dr)^2\right] \tag{6-39}$$

忽略高阶项，则有：$dU = \dfrac{2\pi}{E}\left(2\sigma_a K\dfrac{\Delta\sigma_0}{r} + K^2\dfrac{\Delta\sigma_0^2}{r^3}\right)dr$

对上式进行积分有：$U = \displaystyle\int_{r_0}^{r} \dfrac{2\pi}{E}\left(2\sigma_a K\dfrac{\Delta\sigma_0}{r} + K^2\dfrac{\Delta\sigma_0^2}{r^3}\right)dr$

令 $\mu = 4\pi\sigma_a K\Delta\sigma_0 / E$，$\gamma = \pi\dfrac{K^2\Delta\sigma_0^2}{E}$，则可得震源半径为 r 的圆盘区域内释能体释放总能量：

$$U = \mu\ln(r/r_0) + \gamma(r_0^{-2} - r^{-2}) \tag{6-40}$$

式中，r_0 为破裂体的半径，从式（6-40）中可见冲击过程释放的能量与震源范围存在对数函数关系。

2）球体模式震源

若将震源考虑成为球形体积震源，可定义应力降衰减关系式：$\Delta\sigma = K\dfrac{\Delta\sigma_0}{r^3}$，按照同样的方式可以推出：

$$dU = dW \times dS = \left(\sigma_a + \frac{1}{2}\Delta\sigma\right)\left(\frac{\Delta\sigma}{E}\right)\left[\frac{4}{3}\pi(r+dr)^3 - \frac{4}{3}\pi r^3\right]$$

$$= \frac{4\pi}{3E}\left[\sigma_a K\frac{\Delta\sigma_0}{r^3} + \frac{1}{2}\left(K\frac{\Delta\sigma_0}{r^3}\right)^2\right]\left[3r^2 dr + 3r(dr)^2 + (dr)^3\right] \tag{6-41}$$

忽略高阶项有：$dU = \dfrac{4\pi}{E}K\sigma_a\Delta\sigma_0\dfrac{1}{r}dr + \dfrac{2\pi}{E}K^2\Delta\sigma_0^2\dfrac{1}{r^4}dr$

$$U(r) = \mu \ln\left(\frac{r}{r_0}\right) + \frac{2}{3}\gamma(r_0^{-3} - r^{-3}) \tag{6-42}$$

可以看出，该式与面积震源推导出的公式具有一致性，冲击过程释放的能量与震源体积半径存在对数函数关系。

6.6 震源空间尺度、应力降及冲击强度的相关性分析

地震学中尚未解决随着地震的尺度变化，应力降会如何变化这一问题。仅就平均的意义而言，地震应力降基本保持不变是目前对于大地震较一致的认识。而实际上，大地震的应力降的起伏往往是比较大的。目前对于随着地震的尺度变化小地震应力降会如何变化这一问题的认识却是具有争议的，相互矛盾的观测结果在迄今为止的观测资料中多有体现。对于小地震，还有一个至今尚未得到普遍承认却实际存在的现象：标志地震的大小主要是其应力降特征，而不是地震的几何尺度，小地震的几何尺度大体保持不变。地震应力降大小同地震大小的关系，需要进行不同地区、不同大小的地震应力降的大量测定，并进行深入研究。矿山开采诱发的地震属于小地震的范畴，分析矿山地震（冲击诱发）震源尺度与冲击强度及应力降之间相互关系对于认识矿山动力灾害机制和地震机制具有重要的作用，对于小地震物理力学机制的认识同样有重要意义。

6.6.1 震源体几何尺度理论模型

Tsuboi 在地震震源体积概念中指出震源释放能量的能量密度基本上不依赖于震级，而是一个相对均一的量值，决定地震释放能量的多少和震级大小的主要是应变释放区（震源）的体积。实际地下开采工程中地应力及开挖后的应力重分布所引起的宏观围岩的弹性应变能可能在很大的空间范围内积累，但由于岩爆往往瞬间发生，持续时间非常短，根据前面动态效应分析可知，距岩爆区较远处岩体受惯性影响还来不及反应，不能对破裂体破裂过程有效供给能量；当破裂过程停止，较远处应变能释放已不可能导致破裂体的继续破裂，因此冲击地压过程中有效的弹性应变能释放只会产生在局部区域，其他区域所积累的能量对破裂过程并没有直接贡献。参照地震学理论，定义冲击的有效震源体积为破裂体动态破裂（错动）时间间隔内周围位移和速度近似大于零的岩体，则有效震源体的理论几何边界可视为动态破裂时间内卸载应力波传播所达到的位置。据此可推算有效震源体几何尺度：

$$R_c = T_d C_p \tag{6-43}$$

式中，R_c 为震源体特征尺度，T_d 为动态破裂持续时间，由破裂速度和破裂尺度决定。震源体特征尺度与岩体的波速 C_p 和动态破裂持续时间成正比。

假定冲击过程中破裂体尺度为 r_c，破裂平均速度为 v_c，则有破裂体动态破裂时间 T_d 可表示为：

$$T_d = r_c / v_c \tag{6-44}$$

将式（6-43）代入式（6-44）可得：

$$R_c / r_c = C_p / v_c \tag{6-45}$$

按照线弹性理论预测破裂的极限速度是瑞利波速，实际研究表明 v_c 远远小于瑞利波速和 P 波波速 C_p，根据式（6-43）可知有效震源体尺度 R_c 要远大于破裂体尺度 a，理论上（不考虑衰减因素）可以达到其几倍到几十倍。Смирнов B. A 研究了在地球物理场下的采矿工程区域与冲击孕育区域尺度间的关系，给出两者的比值范围为 $10 \sim 15$，而天然地震的预测预报研究成果显示震源体与破裂体尺度比值甚至超过 20。

6.6.2 华亭矿区冲击地压震源的应力水平

（1）原始地应力场测量

要较准确地分析震源尺度、冲击强度、应力降之间的相关关系，对冲击前后的应力状态了解是分析的基础，因此需要进行原始应力场的测量与反演，并分析其扰动应力场。对华亭矿区进行了现场地应力测量，测点及构造分布如图 6-29 所示，各测点主应力计算结果见表 6-2。

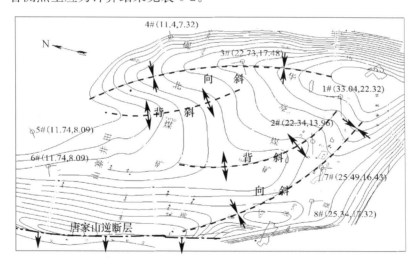

图 6-29 华亭煤田地应力测点及构造分布

表 6-2 各测点主应力计算结果

测点号	深度/m	σ_1			σ_2			σ_3		
		数值/MPa	方向/(°)	倾角/(°)	数值/MPa	方向/(°)	倾角/(°)	数值/MPa	方向/(°)	倾角/(°)
1	685	33.04	252	8	22.32	−15	18	18.39	−40	−70
2	480	22.34	254	17	13.96	67	73	13.65	−17	−2

测点号	深度/m	σ_1			σ_2			σ_3		
		数值/MPa	方向/(°)	倾角/(°)	数值/MPa	方向/(°)	倾角/(°)	数值/MPa	方向/(°)	倾角/(°)
3	546	22.73	241	−15	17.48	−28	−4	14.05	−103	74
4	216	11.40	297	16	7.22	−72	67	6.83	−22	−15
5	225	11.74	236	−5	8.09	−320	−22	7.20	−46	67
6	407	17.856	247	−10	12.7845	159	6	10.682	275	78
7	565	25.488	264	11	16.4285	170	17	15.932	207	−70
8	561	25.344	265	5	17.318	162	79	15.4595	177	11
9	444	21.424	257	5	13.0235	348	8	12.74	317	−81

根据华亭矿区 9 个测点的地应力实测数据，归纳总结出华亭矿区地应力分布规律：

1) 华亭矿区各个测点结果显示最大主应力和水平面的夹角不大于 18°，且每个测点均有两个主应力呈近水平方向，说明华亭区最大主应力为水平方向，最大水平主应力方位角为 236°～265°，基本在区域构造应力方向附近。各测点最大主应力与其他两个应力比值在 1.4～1.8，说明该区的地应力场是以水平构造应力为主，且构造应力显著，中间主应力和最小主应力相差较小。

2) 从主应力与深度关系图 6-30 以看出，随着深度 H 的增加，最小主应力、最大主应力增加，最小主应力增加趋势与 H 呈近似线性关系。由于此次多个测点的测量数据表现出一定的规律性，采用最小二乘法进行回归分析，得到华亭矿区主应力与埋深的关系式如下：

$$\sigma_{h,max} = 0.0446H + 0.7211 \tag{6-46}$$

$$\sigma_{h,min} = 0.0302H + 0.2851 \tag{6-47}$$

$$\sigma_v = 0.0265H + 0.6704 \tag{6-48}$$

3) 由地应力的实测结果看出，随深度的增加，原始应力场各应力分量增加，地应力场受区域构造应力场控制，但其不均匀性也较明显，高程相差很小的不同测点，其应力分量大小、方向和倾角的差异却较大，反映了矿区地质构造、岩性等因素的特殊复杂性。

4) 根据地应力测量结果，结合目前矿区的开采深度，可知岩体水平应力与垂直应力均处在一个较高的应力状态，接近甚至超过围岩的单轴强度，处于一种高应力状态。

（2）复杂地应力场反演分析

由于地应力测量所获得的地应力只是有限个点的测量结果，其结果难以详细准确地反映地应力场的分布，因此在华亭地应力实测及矿区地质构造分析基础

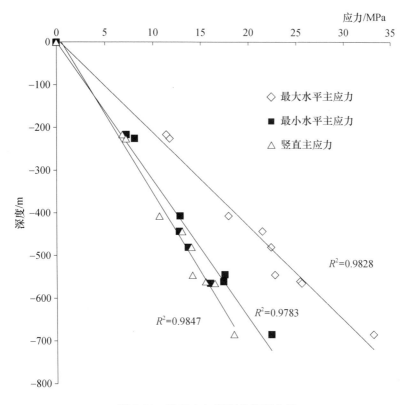

图 6-30 地应力与深度的关系曲线

上，进一步反演分析矿区及开采区域范围内地应力场的分布特征和规律，通过多级建模逐级地应力反演分析不同尺度下的地应力场空间分布特征，为进一步开采扰动动力灾害分析提供应力、能量基础。

1）矿区三维地质模型构建

对开采扰动前岩体原位状态分析需要对岩体所处的地质环境有较清晰的认识，同时地应力场的反演也需要矿区的地质构造等信息的支撑，因此，基于工程地质分析方法和空间信息技术，结合矿区地貌特征、岩体内部结构特征，构建矿区三维地质模型，以此为基础进一步建立表征工程地质体空间形态和内部结构的数值模型是实现开采扰动分析的基础，基于 SURPAC 构建的矿区三维地质模型如图 6-31 所示。

2）复杂地形条件下数值模型构建

数值网格是数值计算中最基本的数据，它与材料模型、边界荷载条件一起组成完整的计算模型。现实中一旦矿山形态较复杂就有可能难以划分网格。如果形体数量较多则将更加困难，使数值计算难以进行。经常遇到在数值模拟过程中由于地质形体复杂而不得不采用简化的地质模型，影响了模拟效果，因此如何有效构建复杂矿山形体的三维数值计算网格是一个值得研究的重要问题。

图 6-31　华亭煤田三维地质模型

以华亭煤田为例说明这一过程，华亭煤田受地质构造作用强烈，地层起伏较大，煤层厚度变化较大，分布不规律，构建出表征工程地质体空间形态和内部结构的数值模型对于原始应力场反演和后续的开采扰动分析尤为重要。要在地应力反演的基础上进行开挖分析，必须考虑到工作面分布，由于华亭煤田几个矿区工作面布置方位不一，建模时需要详细规划网格。本次建模采取控制点方式实现对整体模型的精确控制，具体操作方式见文献［190］，华亭煤田由华亭、砚北、山寨、陈家沟 4 个矿区组成，分布范围较广，考虑的网格大小与计算精度问题，本次分析采取了多级建模数值分析，具体分布：一级模型覆盖 4 个矿区，下面再分成华砚矿区、山寨矿区和陈家沟矿区 3 个二级模型。根据上述建模方法构建华亭煤田一级数值计算模型（图 6-32）和华砚矿区二级数值计算模型（图 6-33）。

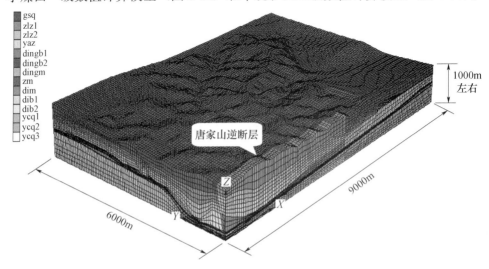

图 6-32　华亭煤田一级数值计算模型

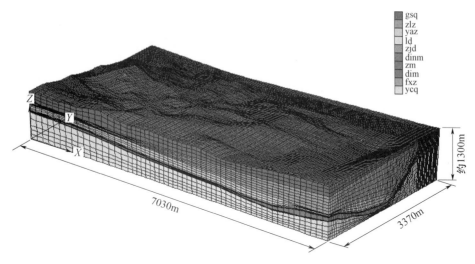

图 6-33 华砚矿区二级数值计算模型

3) 原始地应力场反演结果分析

根据华亭煤田地应力测量结果和建立的数值模型，对矿区原始应力场进行反演，采用多尺度地应力场逐级反演分析，图 6-34 为华砚矿区煤层的垂直应力场，由于华砚矿区的地质构造因素，在向斜构造的轴部，应力集中程度明显大于向斜的两翼，垂直应力达到 19.6MPa。图 6-35 所示为华砚矿区中线处的倾向剖面垂直应力场，图 6-36 所示为华砚矿区中部的走向剖面垂直应力场，可以看出，在倾向上，垂直应力场基本上呈层状分布。在走向上，砚北煤矿深部围岩的应力集中程度大于华亭煤矿。

图 6-34 华砚矿区的煤层垂直应力场

图 6-37 所示为华砚矿区煤层的最大主应力场。可以看出，华砚矿区的地质构造因素，在向斜构造的轴部，应力集中程度明显大于向斜的两翼，水平应力较高，达到 35MPa。图 6-38 所示为华砚矿区中部的倾向剖面最大主应力场，可以看出，在底板围岩中存在较大范围的构造应力集中。图 6-39 所示为华砚矿区中部的走向剖面最大主应力场，可以看出，华亭煤矿顶底板中最大主应力的应力集

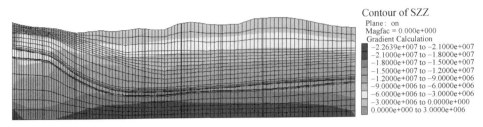

图 6-35　华砚矿区中线处的倾向剖面垂直应力场

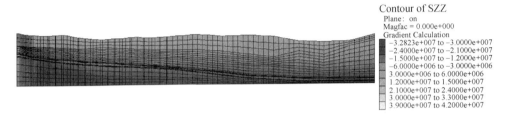

图 6-36　华砚矿区中部的走向剖面垂直应力场

中程度大于砚北煤矿。

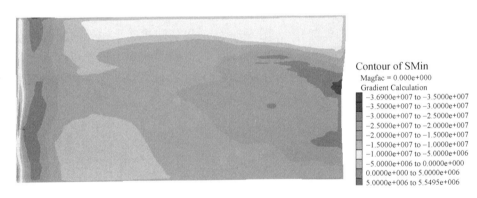

图 6-37　华砚矿区的煤层最大主应力场

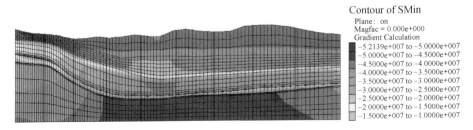

图 6-38　华砚矿区中部的倾向剖面最大主应力场

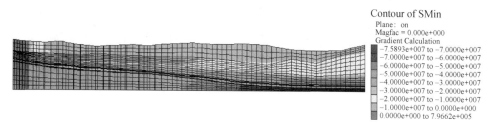

图 6-39　华砚矿区中部的走向剖面最大主应力场

（3）开采扰动应力场分析

根据华亭煤田开采历史资料，在原始应力场反演的基础上进行开采历史模拟，获得现今开采阶段的扰动应力。图 6-40、图 6-41 所示是 250105 工作面开挖过程中扰动应力变化图，可以看出，在 250105 工作面开挖初期即 0～100m 阶段，应力集中发生在运输顺槽一侧，位于开挖面前方 200m 左右，分布范围小且集中明显，最大主应力值约为 41MPa；随着开挖进行到 200～400m，工作面前方最大主应力集中带开始呈倒三角，与前方高应力区连成一片，约 42.3MPa。根据前文论述，不同应力水平岩体的冲击危险势不同，可知此刻应力集中区岩体处在一种高危险势状态，并且由于工作面前方有一条高应力集中带，该区域岩体积聚了大量的能量。

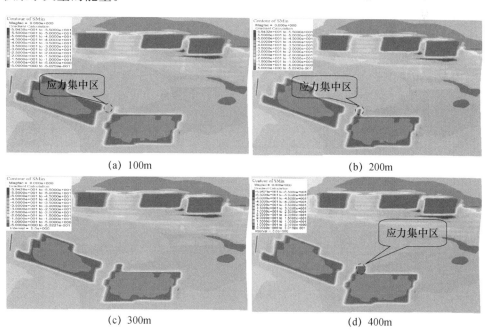

(a)　100m　　　　　　　　　　(b)　200m

(c)　300m　　　　　　　　　　(d)　400m

图 6-40　工作面开挖不同距离时煤层底板最大主应力分布云图

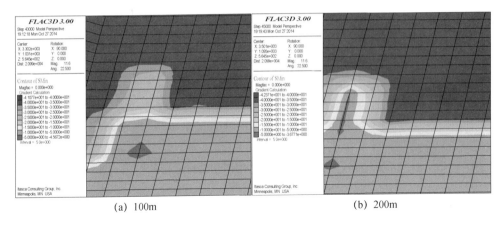

(a) 100m   (b) 200m

图 6-41　工作面开挖不同距离时煤层底板最大主应力局部放大

　　图 6-42 所示是工作面开挖不同距离时工作面走向剖面最大主应力分布云图，可以看出在工作面前方有一条应力集中带，随着工作面往前推进，煤层的应力集中会越来越高，积聚的能量越来越高，可以预见当受到某一临界开采扰动时会产生大的冲击。

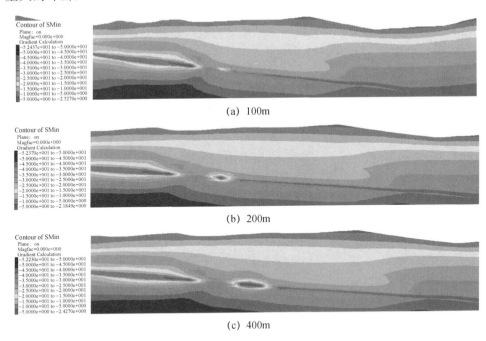

(a) 100m

(b) 200m

(c) 400m

图 6-42　工作面开挖不同距离时工作面走向剖面最大主应力云图

　　根据微震监测及现场调查显示，2014 年 4 月 7 日、8 日的冲击灾害事故发生位置正是发生在 250105 工作面开采初期，推进约 100m 时候，当工作面推进到该位置时，开采扰动引起工作面前方 100～200m 区域靠近运输顺槽一侧应力高度集中，使该区域巷道震源系统达到极限状态，产生失稳冲击。虽然开采扰动引起的上覆岩层应力转移对工作面前方 300m 以外的区域影响较小，但是由于在工作面前方 1500m 范围内本来就处于高应力集中区，这些区域潜在震源均具有较高的冲击危险势，当震源发生冲击后产生动力扰动，会进一步诱发这些区域的冲击失稳。从 8 号灾害现场调查发现冲击显现的区域远不止工作面前方 200～300m，在工作面前方 1100m 都发生了不同程度的底鼓，而且距离工作面较远处的冲击显现要比较近处的剧烈，如工作面向外 874～1174m 范围底膨 0.7m，工作面向外 574～774m 范围底膨 1.1m，而工作面向外 174～574m 范围底膨仅为 0.4m，这是因为这些区域在扰动前就处于高应力集中区，应力水平比离工作面较近的区域要高，高应力分布的区域也要广，所组成的两体震源系统中积聚的能量非常高，属于潜在的高冲击危险势和高冲击强度区域，一旦受到扰动（尤其是动力扰动）便会失稳，释放巨大能量，造成强烈的冲击显现。以上分析表明，华亭矿区冲击显现是受岩体的高应力状态控制的，冲击的程度与其所处应力、能量的状态紧密相关。

6.6.3 华亭煤田冲击地压震源应力降大小

应力降的大小难以直接获得，本次冲击应力降根据布置在华亭煤田的钻孔应变仪所监测到的应变变化来求取，典型的冲击事件描述详见 6.6.2 节分析，其应变监测曲线除了监测到冲击地压事件，该应变仪也监测到 2013 年 7 月 22 日 7：45：55，在甘肃省定西市岷县、漳县交界处发生 6.6 级地震，以及 9 时 12 分 34 秒发生 M_s5.6 级余震，将该地震事件记为事件 6。

（1）监测到的典型地震事件与冲击事件同震应变信号分析

从华亭煤田钻孔应变观测仪观测到的几次冲击事件钻孔应变同步响应局部放大曲线（图 6-43～图 6-47）可以看出对于能级较小的冲击，所引起的应变响应主要为一次性的单方向阶跃，无持续跳动，3 月 16 日冲击和 4 月 7 日冲击均表现为此种形式；而能级较高的 4 月 8 日冲击则显示与大地震相似的应变上下波动跳跃和阶跃。

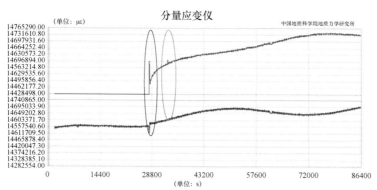

分量应变仪

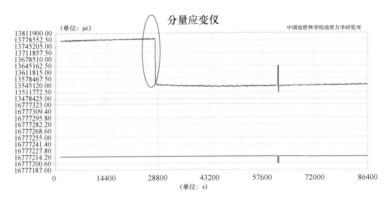

图 6-43　2013 年 7 月 22 日四分量钻孔应变观测曲线

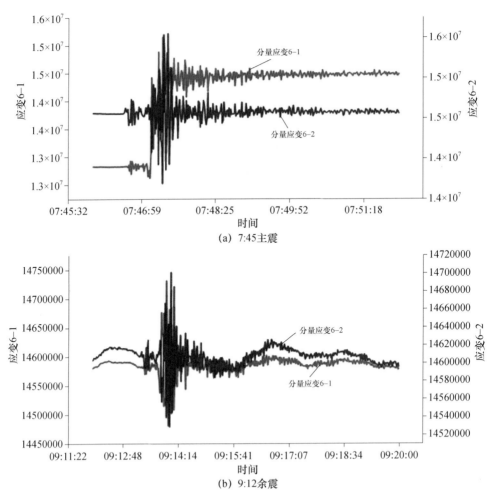

(a) 7:45主震

(b) 9:12余震

图 6-44　2013 年 7 月 22 日地震同步分量应变响应细节

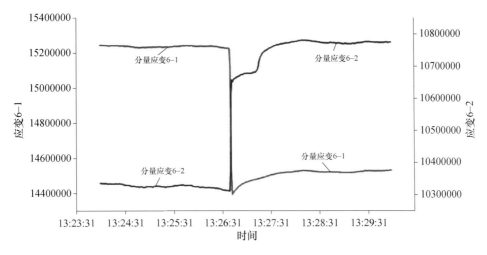

图 6-45　3 月 16 日冲击同步应变响应细节

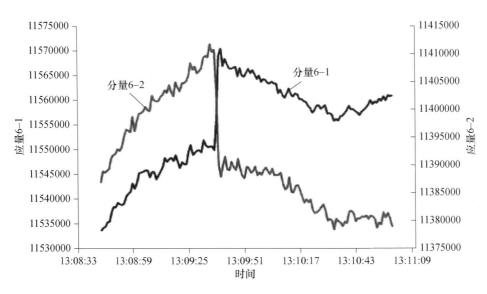

图 6-46　4 月 7 日冲击同步应变响应细节

（2）冲击同步应变阶跃大小

由钻孔应变仪直接获得的钻孔应变数据记录的是应变变化，在实际应用时，都需要根据具体问题扣除一定的观测基值，选择一个统一的零点，只考察变化量。由于钻孔应变观测精度高，能很好地观测到固体潮应变，因此通过计算应变固体潮理论值对监测原始数据进行校正比对。应用 MATLAB 软件编写了理论应变固体潮计算程序，对以上钻孔应变监测数据进行校正。从 2013 年 3 月 15 日～16 日的钻孔应变与应变固体潮体理论值曲线比较图（图 6-48），可看出冲击前分量应变 6-1、6-2 与应变固体潮理论值具有较好的波动一致性，说明该监测信号能

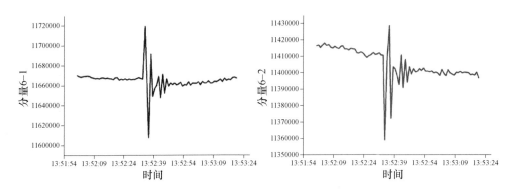

图 6-47 4 月 8 日冲击同步应变响应细节

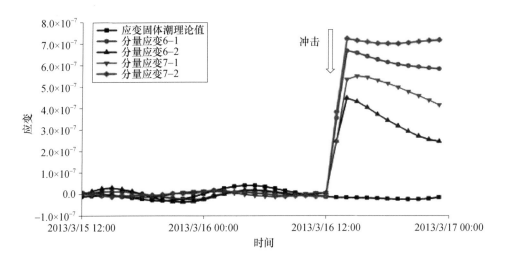

图 6-48 2013 年 3 月 15～16 日应变固体潮理论值与实测应变值

很好地反映固体潮变化，所监测到的为大地真实的应变。从图中看出冲击地压发生时，应变阶跃值达到约 7×10^{-7} 量级；对比分析可求得 2013 年 4 月 15 日应变阶跃值约为 2×10^{-7}，8 月 21 日应变阶跃约为 4×10^{-8}，2014 年 4 月 7 日、8 日的应变阶跃分别达到 4×10^{-8}、2×10^{-8} 量级，地震主震应变阶跃达到 9×10^{-7} 量级（此处应变阶跃为冲击过后应变的静态变化量，也即震动波引起的上下弹跳并不作为阶跃分析）。

6.6.4 华亭煤田冲击地压冲击事件消耗的总能量

冲击过程中消耗的能量主要用于破裂体破裂、震动波、动能以及其他辐射能：

$$W = W_{破} + W_{震} + W_{动} + W_{其他} \qquad (6-49)$$

根据岩体动力破坏的最小能量原理：无论在一维、二维或三维应力状态下岩体动力破坏所需要的能量总是等于一维应力状态下破坏所消耗的能量。因此，岩体破裂对应的能量消耗为 $W_破 = \dfrac{\sigma_c^2}{2E_1} V_破$，$\sigma_c$ 为煤岩单轴抗压强度，E_1 为煤岩弹性模量，$V_破$ 冲击破裂体积；冲击过程中的动能：$W_动 = \dfrac{1}{2}\rho V_破 v^2$，$\rho$ 为破裂体密度，v 为冲击速度，可视现场情况而定；$W_震$ 为以震动波形式释放的能量，可根据微震监测得到；$W_其他$ 可以忽略。本次分析主要考虑破裂能和震动能，华硘矿区冲击事件能量消耗计算结果见表 6-3。

表 6-3　华硘矿区冲击消耗总能量情况

冲击事件	抗压强度 σ_c/ MPa	弹性模量 E_1/MPa	破裂体积 $V_破$/m³	$W_破$ /10⁶ J	$W_震$ /10⁶ J	消耗总能量 W/10⁶ J
事件 1	22	8.78×10³	812.4	22.4	1.69	23.09
事件 2	22	8.78×10³	352	7.3	0.33	7.63
事件 3	22	8.78×10³	1085	30	8.65	38.65
事件 4	22	8.78×10³	216	5.95	6.36	12.31
事件 5	22	8.78×10³	2745	75.7	22.3	98

6.6.5　华亭煤田冲击地压震源空间特征尺度

由于目前区域就只有一台钻孔应变监测仪，因此难以获取区域的应力降衰减系数，本次分析取该区域的平均应力降 $\Delta\varepsilon_1$ 来计算，震源的体积为 V，σ_0 为震源冲击前应力水平，$\Delta\varepsilon_1$ 为震源平均应变释放量，则有震源释放的能量近似为：

$$U = \sigma_0 \Delta\varepsilon_1 V \tag{6-50}$$

根据能量守恒有：$W = U$，可以推出：

$$V = W/(\sigma_0 \Delta\varepsilon_1)$$

在地震研究中近震源一般采用 Brune 圆盘模型，因此假定震源为圆盘模型，厚度为 1m，则可以推算出震源的尺度半径，震源半径尺度特征见表 6-4。

表 6-4　震源尺度、应力降、冲击强度相关性

观测 事件	破裂体积/ m	观测距离/ km	能量/ 10⁶ J	应变变化/ 10⁻⁸	应力水平/ MPa	震源体积/ 10⁶ m³	尺度半径/ km
事件 1	665	0.47	23.09	70	35	0.94	0.55
事件 2	165	0.62	7.63	20	35	1.09	0.59
事件 3	170	1.65	38.65	4	35	27.61	2.96
事件 4	30	1.03	12.31	4	40	7.69	1.56
事件 5	1000	0.92	98	2	40	122.50	6.24

分析可知，在华亭煤田发生的几次强冲击其震源的特征尺度在千米级范围，尺度大小随震动能量增大而增大，随应力降增大而减小（图 6-49）。

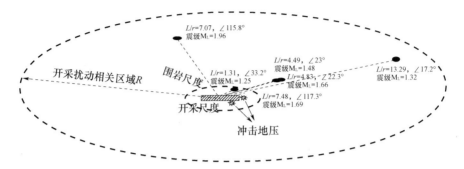

图 6-49　开采尺度与冲击地压灾源、区域应变效应位置空间关系统计图

实测 $L/r = 1.31 \sim 13.29$，则开采相关尺度与开采尺度之间关系：$R/r > 10$ 倍。

6.7　小结

本章从实际地下工程中岩体是一个复杂的系统出发，通过对两种不同原位储能状态岩体组合的相互作用机制与扰动响应特征分析，得到以下结果：

（1）根据现有的研究理论和室内试验以及现场观测到的现象分析，提出在冲击地压发生过程中，存在一个冲击破坏体以外的区域在冲击过程中释放能量，而不仅仅是破裂体本身弹性能的释放，基于此推论建立了组合岩体震源模型，即在同一时间参与同一力学过程的释能体和破裂体的组合，震源在在时间上是动态的，空间上是变边界的。

（2）分析了震源在静力扰动和动力扰动时系统发生动力失稳的条件，分析表明围压刚度效应对于震源的动力失稳条件有重要的影响，与单轴串联模型所推出的临界失稳条件相比有围压作用时系统更不容易达到失稳条件，当环境刚度达到一定条件时系统将不会发生动力失稳；在动力扰动作用下，释能体获得加速度，相当于降低了释能体的有效刚度，会使得系统的失稳条件更容易达到，并且冲击释放的能量也更大。

（3）针对震源中的释能体在实际地下工程处于三向应力状态，且是一个体积的概念，提出了巷道震源中释能体应力降的衰减模式，以此分析了冲击发生时释能体释放能量的公式。并就释能体的能量状态对冲击强度的影响进行了理论和数值模拟分析，发现释能体围压越高，相同轴向应力条件下释能体积聚的可释放应变能越高，对破裂体释放能量的能力越强，造成的冲击强度越大。

参考文献

[1] 何满潮，钱七虎. 深部岩体力学基础 ［M］. 北京：科学出版社，2010，8.

[2] 史元伟，张声涛，尹世涛，等. 国内外煤矿深部开采岩层控制技术 ［M］. 北京：煤炭工业出版社，2009.

[3] 深部高应力下的资源开采与地下工程 ［C］. 香山科学会议第 175 次学术讨论会，2001.11.

[4] 王思敬. 中国岩石力学与工程的世纪成就与展望 ［C］. 深部开采工程岩石力学现状及其展望，第八次全国岩石力学与工程大会论文集. 科学出版社，2004，1-9.

[5] 何满潮. 深部开采工程岩石力学的现状及其展望. 见：中国岩石力学与工程学会编. 第八次全国岩石力学与工程学术大会论文集 ［C］. 北京：科学出版社，2004.

[6] 何满潮，谢和平，彭苏萍，等. 深部开采岩体力学研究 ［A］. 中国岩石力学与工程学会软岩工程与深部灾害控制分会. 中国软岩工程与深部灾害控制研究进展——第四届深部岩体力学与工程灾害控制学术研讨会暨中国矿业大学（北京）百年校庆学术会议论文集 ［C］. 中国岩石力学与工程学会软岩工程与深部灾害控制分会：，2009：10. 谢和平. 深部开采基础理论与工程实践 ［M］. 北京：科学出版社，2006.

[7] 何满潮，谢和平，彭苏萍，等. 深部开采岩体力学研究，岩石力学与工程学报，2005，24（16）：2803-2813.

[8] 齐庆新，窦林名. 冲击地压理论与技术 ［M］. 北京：中国矿业大学出版社，2008.

[9] 何满潮. 深部的概念体系及工程评价指标 ［J］. 岩石力学与工程学报. 2005，24（6）：2855-2858.

[10] 钱七虎. 深部岩体工程响应的特征科学现象及"深部"的界定 ［J］. 东华理工学院学报. 2004，27（1）：1-5.

[11] 钱七虎. 非线性岩石力学的新进展——深部岩体力学的若干问题 ［A］. 见：中国岩石力学与工程学会编. 第八次全国岩石力学与工程学术大会论文集 ［C］. 北京：科学出版社，2004，10-17.

[12] T. saito. 关于深部隧道工作面岩爆的研究——日本 Kan-Etsu 隧道实例，1987.

[13] BROCH E，SORHEIM S. Experiences from planning，construction and supporrting of a road tunnel subjected to heavy rockbursting.

[14] 徐林生，唐伯明，慕长春. 高地应力与岩爆有关问题的研究现状 ［J］. 公路交通技术，2002（04）：48-51.

[15] 李夕兵，李地元，郭雷. 动力扰动下深部高应力矿柱力学响应研究 ［J］. 岩石力学与工程学报，2007，26（5）：922-928.

[16] ORTLEPP W D. Rock fracture and rockbursts ［M］. Johannesburg：SAIMM，1997.

[17] COOK N G W. The application of seismic techniques to problems in rock mechanics ［J］.

Int Journ Rock Mesh and Min Science 1964，1：169-179.

[18] COOK N G W. A note on rockbursts considered as a problem of stability [J] . Journ SA Inst Min and Met 1965，437-446.

[19] OBERT L，DUVALL W I. Rock Mechanics and the Design of Structures in Rock [J] . John Wiley & Sons，1967，650.

[20] BOWERS D，DOUGLAS A. Characterization of large mine tremors using P observed at teleseismic distances [C] . Rockbursts and seismicity in mines，Gibowicz and Lasocki eds. Rotterdam：Balkema，1997：56-60.

[21] 齐庆新，陈尚本，王怀新，等 . 冲击地压、岩爆、矿震的关系及其数值模拟研究 [J] . 岩石力学与工程学报，2003，22（11）：1852-1858.

[22] 姜耀东，潘一山，姜福兴，等 . 我国煤炭开采中的冲击地压机理和防治 [J] . 煤炭学报，2014，39（2）：205 -213.

[23] 钱七虎 . 岩爆、冲击地压的定义、机制、分类及其定量预测模型 [J] . 岩土力学，2014，1（1）：1-6.

[24] 窦林名，何学秋 . 冲击矿压防治理论与技术 [M] . 徐州：中国矿业大学出版社，2001.

[25] 佩图霍夫 . 煤矿冲击地压 [M] . 王右安译 . 北京：煤炭工业出版社，1980.

[26] 布霍依诺 . 矿山压力和冲击地压 [M] . 李玉生译 . 北京：煤炭工业出版社，1985.

[27] 潘一山，李忠华，章梦涛 . 我国冲击地压分布、类型、机理及防治研究 [J] . 岩石力学与工程学报，2003，22（11）：1845-1851.

[28] 何满潮，姜耀东，赵毅鑫 . 复合型能量转化为中心的冲击地压控制理论 [A] .

[29] 深部资源开采基础理论研究与工程实践 [C] . 北京：科学出版社 .2005：206-214.

[30] 张少泉，张兆平，杨懋源，等 . 矿山冲击的地震学研究与开发 [J] . 中国地震，1993，9（1）：1-8.

[31] 李铁，蔡美峰，蔡明 . 采矿诱发地震分类的探讨 [J] . 岩石力学与工程学报，2006，25（z2）：3679-3686.

[32] STACEY T R. Dynamic rock failure and its containment [C] // Proceedings of the First International Conference on Rock Dynamics and Applications. Lausanne：CRC Press，2013：57-70.

[33] DENIS E GILL，MICHEL AUBERTIN，RICHARD SIMON. A practical engineering approach to the evaluation of rockburst potential [C] //Rockburst and Seismicity in Mines. Rotterdam：A. A. Balkema，1993：63-68.

[34] LINKOV A V. Dynamic phenomena in mines and the problem of stability [D] . [S. l]：University of Minnesota，1992.

[35] ORTLEPP W D. High ground displacement velocities associated with rockburst damage [C] . Rockbursts and seismicity in mines，Young eds. Rotterdam：Balkema，1993：101-106.

[36] BRADY B H G，Brown E T. 地下采矿岩石力学 [M] . 冯树仁等译 . 北京：煤炭工业出版社，1990.

[37] BRADY B H G，Brown E T. Energy changes and stability in underground mining：design application of boundary element methods. IMM，1981：A61-A67.

［38］GIBOICZ S J. The mechanism of seismic events induced by mining- a review ［C］. Rock-bursts and seismicity in mines, Faihurst ed. Rotterdam: Balkema, 1990: 3-27.

［39］RYDER J A. Excess shear stress in the assessment of geologically hazardous situations. J. S. Afr. Inst. Min. Metall. , 1988, 88（1）: 27-39.

［40］ПЕТУХОВ И М. 煤矿冲击地压［M］. 王佑安译. 北京: 煤炭工业出版社, 1980: 55-89.

［41］Cook N W G, Hoek E, Pretorious J P G, etal. Rock Mechanics applied to the study of rock bursts［J］. J. S. Afr. inst. Min. Metall, 1996.

［42］赵本均. 冲击矿压及防治［M］. 煤炭工业出版社, 1995.

［43］王淑坤. 冲击矿压机理［J］. 岩石力学与工程学报, 1996, 15（10）: 500-503.

［44］李新元. "围岩-煤体" 系统失稳及冲击地压预测的探讨［J］. 中国矿业大学学报, 2000, 29（6）: 633-636.

［45］齐庆新, 刘天泉, 史元伟. 冲击地压摩擦滑动失稳机理［J］. 矿山压力与顶板管理. 1995,（4）: 175-177.

［46］周晓军, 鲜学福. 煤矿冲击矿压理论与工程应用研究的进展［J］. 重庆大学学报（自然科学版）: 1988, 21（1）: 126-132.

［47］章梦涛. 冲击矿压、煤和瓦斯突出的统一失稳理论初探. 第二届全国岩石动力学学术会议论文集, 1990.

［48］章梦涛. 冲击矿压和突出的统一失稳理论［J］. 煤炭学报, 1991, 16（4）: 26-31.

［49］梁冰, 章梦涛. 矿震发生的粘滑失稳机理及其数值模拟［J］. 辽宁工程技术大学学报, 1997（5）: 521-524.

［50］肖和平. 煤矿构造矿震机理［J］. 湖南地质, 1999, 18（2-3）: 141-146.

［51］KIDYBINSKI A. Bursting liability indices of coal ［J］. Rock Mech. Min Sci. & Geomech. , 1981（18）: 296-304.

［52］SINGH S P. Technical note: bursting energy release index ［J］. Rock Mechanics and Rock Engineering, 1988（21）: 149-155.

［53］HOMAND F. Dynamic phenomena in mines and characteristics of rocks ［C］. Rockbursts and seismicity inmines, Faihurst ed. Rotterdam: Balkema, 1990: 139-142.

［54］SINGH S P. Classification of mine workings according to their rockburst proneness［J］. Mining Science and Technology, 1989（8）: 253-262.

［55］WU Y, Zhang W. Evaluation of the bursting proneness of coal by means of its failure duration ［C］. Rockbursts and Seismicity in Mines, Gibowicz and Lasocki eds. Rotterdam: Balkema, 1997: 286-288.

［56］潘长良, 冯涛等. 岩爆机理研究的综合评述［J］. 中南工业大学学报, 1998, 29（2）: 26-28.

［57］VARDOULAKIS I. Rock bursting as a surface instability phenomenon ［J］. Int. J. Rock Mech. Sci. & Geomech. Abstr. 1984, 21（3）: 137-144.

［58］DYSKIN A V. Model of rockburst caused by crack growing near free surface ［C］. Rock-bursts and seismicity in mines, Young eds. Rotterdam: Balkema, 1993: 169-174.

［59］STACEY T R. Dynamic rock failure and its containment ［C］//Proceedings of the First

International Conference on Rock Dynamics and Applications. Lausanne：CRC Press，2013：57-70.

[60] BLAKE W. Rockburst Mechanics [D]．Golden：Colorado School of Mines，1967，1：1-64. DENIS E GILL，MICHEL AUBERTIN，RICHARD SIMON. A practical engineering approach to the evaluation of rockburst potential [C] //Rockburst and Seismicity in Mines. Rotterdam：A. A. Balkema，1993：63-68.

[61] LINKOV A V. Dynamic phenomena in mines and the problem of stability [D]．[S. l.]：University of Minnesota，1992.

[62] 黄庆享，高召宁．巷道冲击地压的损伤断裂力学模型 [J]．煤炭学报，2001，26（2）：156-159.

[63] 张晓春，缪协兴，翟明华，等．三河尖煤矿冲击矿压发生机制分析 [J]．岩石力学与工程学报，1998，17（5）：508-513.

[64] 缪协兴，张晓春，等．岩（煤）壁中滑移裂纹扩展的冲击矿压模型 [J]，中国矿业大学学报，1999，28（2）：113-117.

[65] 裴广文，纪洪广．深部开采过程中构造型冲击地压的能量级别预测 [J]．煤炭科学技术．2002，30（5）：48-51.

[66] 纪洪广，王金安，蔡美峰．冲击地压事件物理特征与几何特征的相关性与统一性 [J]．煤炭学报．2003，28（1）：31-36.

[67] 齐庆新，刘天泉，史元伟．冲击地压摩擦滑动失稳机理 [J]．矿山压力与顶板管理．1995（4）：175-177.

[68] 窦林名，何学秋．煤岩混凝土冲击破坏的弹塑脆性模型 [J]．第七界全国岩石力学大会论文，中国科学技术出版社，2002（9）：158-160.

[69] 冲击地压科技情报分站．冲击地压译文集 [G]．10-46，1985.

[70] 章梦涛．钻屑法理论和应用 [J]，煤炭学报，1985，1（2）．

[71] 潘一山．钻屑法预测指标的理论研究 [J]，阜新矿业学院学报，1985（增刊）.

[72] 赵从国，窦林名．波兰冲击矿压防治方法研究 [J]，江苏煤炭，2004，2：11-12.

[73] C. I Trifu，T. I Urbancic 用采矿诱发微震法判别岩体性态特性 [J]，世界采矿快报，1998，14（2）：35-38.

[74] 窦林名，曹其伟，何学秋，等．冲击矿压危险的电磁辐射监测技术 [J]．矿山压力与顶板管理，2002，（4）：89-92.

[75] 窦林名，何学秋．声发射监测隧道围岩活动性 [J]．应用声学，2002，21（5）：26-29.

[76] 姜福兴，XUN Lou. 微震监测技术在矿井岩层破裂监测中的应用 [J]．岩土工程学报，2002，24（2）：147-149.

[77] 成云海，姜福兴，程久龙，等．关键层运动诱发矿震的微震探测初步研究 [J]．煤炭学报，2006，31（3）：273-277.

[78] 杨淑华，张兴民，姜福兴，等．微地震定位监测的深孔检波器及其安装技术 [J]．北京科技大学学报，2006，28（1）：68-71.

[79] 李志华，窦林名，管向清．矿震前兆分区监测方法及应用 [J]．煤炭学报，2009，34（5）：615-618.

[80] 曹安业，窦林名，秦玉红，等．微震监测冲击矿压技术成果及其展望 [J]．煤矿开采，

2007（1）：20-23.

[81] 曹安业 . 采动煤岩冲击破裂的震动效应及其应用研究［D］. 徐州：中国矿业大学，2009.

[82] 李铁，蔡美峰，等 . 强矿震地球物理过程及短临阶段预测的研究［J］. 地球物理学进展，2004，Vol. 19（4）：961-967.

[83] 杨淑华，张兴民，姜福兴，等 . 微地震定位监测的深孔检波器及其安装技术［J］. 北京科技大学学报，2006，Vol. 28（1）：68-71.

[84] 周辉，冯夏庭，谭云亮，等 . 矿震系统的胞映射突变预测模型［J］. 中国有色金属学报，2002，Vol. 12（1）：156-160.

[85] 尹祥础，尹迅飞，等 . 加卸载响应比理论用于矿震预测的初步研究［J］. 地震，2004，Vol. 24（2）：26-30.

[86] 蔡美峰，李治平，纪洪广，等 . 神经网络在开采与矿山地震活动性关系研究中的应用［J］. 中国矿业，2002，11（2）：6-9.

[87] 蔡美峰，王金安，王双红 . 玲珑金矿深部开采岩体能量分析与岩爆综合预测［J］. 岩石力学与工程学报，2001，20（1）：38-42.

[88] 蒋金泉，李洪 . 基于混沌时序预测方法的冲击地压预测研究［J］. 岩石力学与工程学报，2006，25（5）：889-895.

[89] 李国梁，秦四清，薛雷，等 . 基于脆性岩石破裂能量过程中特征点的能量密度研究［J］. 应用基础与工程科学学报，2014，22（1）：36-44.

[90] 谢和平，彭瑞东，鞠杨 . 岩石破坏分析的能量初探［J］. 岩石力学与工程学报，2005，24（15）：2603 -2608.

[91] 张黎明，高速，任明远，等 . 岩石加荷破坏弹性能和耗散能演化特性［J］. 煤炭学报，2014，39（5）：1238-1242.

[92] 张黎明，高速，王在泉，等 . 大理岩加卸荷破坏过程的能量演化特征分析［J］. 岩石力学与工程学报，2013，32（8）：1572-1578.

[93] 赵阳升，冯增朝，万志军 . 岩体动力破坏的最小能量原理［J］. 岩石力学与工程学报，2003，22（11）：1781-1783.

[94] 华安增，孔圆波，李世平，等 . 岩块降压破碎的能量分析［J］. 煤炭学报，1995，20（4）：389-392.

[95] 尤明庆，华安增 . 岩石试样破坏过程的能量分析［J］. 岩石力学与工程学报，2002，21（6）：778-781.

[96] 华安增 . 地下工程周围岩体能量分析［J］. 岩石力学与工程学报，2003，22（5）：1055-1059.

[97] 秦四清 . 初论岩体失稳过程中耗散结构的形成机制［J］. 岩石力学与工程学报，2000，19（3）：266-269.

[98] 彭瑞东 . 基于能量耗散与能量释放的岩石损伤与强度研究［D］. 北京：中国矿业大学，2005.

[99] 刘镇，周翠英 . 隧道变形失稳的能量演化模型与破坏判据研究［J］. 岩土力学，2010，31（增2）：131-137.

[100] 谢和平，彭瑞东，鞠杨 . 岩石变形破坏过程中的能量耗散分析［J］. 岩石力学与工程

学报，2004，23（21）：3566-3570.

[101] 谢和平，鞠杨，黎立云．基于能量耗散与释放原理的岩石强度与整体破坏准则 [J]．岩石力学与工程学报，2005，24（17）：3003-3010.

[102] 谢和平，彭瑞东，鞠杨，等．岩石变形破坏的能量分析初探 [J]．岩石力学与工程学报，2005，24（15）：2603-2608.

[103] 赵忠虎，谢和平．岩石变形破坏过程中的能量传递和耗散研究 [J]．四川大学学报，2008，40（2）：26-31.

[104] 彭瑞东，谢和平，周宏伟．岩石变形破坏过程的热力学分析 [J]．金属矿山，2008，38（3）：61-63，132.

[105] 邹德蕴，姜福兴．煤岩体中储存能量与冲击地压孕育机理及预测方法的研究 [J]．煤炭学报，29（2）：159-163.

[106] 姚精明，何富连，徐军，等．冲击地压的能量机理及其应用 [J]．中南大学学报，2009，40（3）：808-813.

[107] 李纪青，齐庆新，毛德兵，等．应用煤岩组合模型方法评价煤岩冲击倾向性探讨 [J]．岩石力学与工程学报，2005，24（增1）：4806-4810.

[108] 刘波，杨仁树，郭东明，等．孙村煤矿－1100m 水平深部煤岩冲击倾向性组合试验研究 [J]．岩石力学与工程学报，2004，23（14）：2402-2408.

[109] 王淑坤，张万斌．煤层顶板冲击倾向分类的研究 [J]．煤矿开采，1991，（1）：43-48.

[110] 王淑坤，张万斌．复合模型力学性质试验研究 [J]．矿山压力与顶板管理，1994，11（1）：51-54.

[111] 万志军，刘长友，卫建清，等．煤层与顶板冲击倾向性研究 [J]．矿山压力与顶板管理，1999，16（34）：208-210.

[112] 潘结南，孟召平，刘保民．煤系岩石的成分、结构与其冲击倾向性关系 [J]．岩石力学与工程学报，2005，24（24）：4422-4427.

[113] 曲华，蒋金泉，董建军．煤岩复合模型冲击倾向的数值试验研究 [J]．矿山压力与顶板管理，2004，21（4）：93-95.

[114] 李晓璐，康立军，李宏艳，等．煤-岩组合体冲击倾向性三维数值试验分析 [J]．煤炭学报，2011，36（12）：2065-2067.

[115] 宋录生，赵善坤，刘 军，等．"顶板-煤层"结构体冲击倾向性演化规律及力学特性试验研究 [J]．煤炭学报，2014，39（S1）：23-30.

[116] 赵善坤，张寅，韩荣军等．组合煤岩结构体冲击倾向演化数值模拟 [J]．辽宁工程技术大学学报（自然科学版），2013，32（11）：1441-1446.

[117] 牟宗龙，王浩，彭蓬．岩-煤-岩组合体破坏特征及冲击倾向性试验研究 [J]．采矿与安全工程学报，2013，30（6）：841-847.

[118] LINKOV A M. Rockbursts and the instability of rock masses [J]. International Journal of Rock Mechanics and Mining Sciences and Geomechanics Abstracts, 1996, 33（7）：727-732.

[119] 陈忠辉，傅宇方，唐春安．单轴压缩下双试样相互作用的实验研究 [J]．东北大学学报，1997，18（4）：382-385.

[120] 林鹏，唐春安，陈忠辉，等．二岩体系统破坏全过程的数值模拟和实验研究 [J]．地

震，1999，19（4）：413-418.

[121] 潘岳，张勇，于广明．岩体失稳前兆阶段准静态形变平衡方程和加载参数——能量输入率［J］．岩石力学与工程学报，2005，24（22）：4080-4087.

[122] 刘建新，唐春安，朱万成，等．煤岩串联组合模型及冲击地压机理的研究［J］．岩土工程学报，2004，26（2）：276-280.

[123] 王学滨．煤岩两体模型变形破坏数值模拟［J］．岩土力学，2007，27（7）：1066-1070.

[124] 齐庆新，彭永伟，李宏艳，等．煤岩冲击倾向性研究［J］．岩石力学与工程学报，2011，30（1）：2736-2742.

[125] 邓绪彪，胡海娟，徐刚，等．两体岩石结构冲击失稳破坏的数值模拟［J］．采矿与安全工程学报，2012，29（6）：833-839.

[126] 左建平，谢和平，吴爱民，等．深部煤岩单体及组合体的破坏机制与力学特性研究［J］．岩石力学与工程学报，2011，30（1）：86-92.

[127] 谢和平，陈忠辉，周宏伟，等．基于工程体与地质体相互作用的两体力学模型初探［J］．岩石力学与工程学报，2005，24（9）：1457-1464.

[128] 刘少虹．动静加载下组合煤岩破坏失稳的突变模型和混沌机制［J］．煤炭学报，2014，39（2）：292 -300.

[129] 刘少虹，毛德兵，齐庆新，等．动静加载下组合煤岩的应力波传播机制与能量耗散［J］．煤炭学报，2014，39（S1）：16-22.

[130] 刘杰，王恩元，宋大钊，等．岩石强度对于组合试样力学行为及声发射特性的影响［J］．煤炭学报，2014，39（4）：686-691.

[131] 窦林名，田京城，陆菜平，等．组合煤岩冲击破坏电磁辐射规律研究［J］．岩石力学与工程学报，2005，24（19）：3541-3544.

[132] 陆菜平，窦林名，吴兴荣．组合煤岩冲击倾向性演化及声电效应的试验研究［J］．岩石力学与工程学报，2007，26（12）：2549-2555.

[133] 赵毅鑫，姜耀东，祝捷，等．煤岩组合体变形破坏前兆信息的试验研究［J］．岩石力学与工程学报，2008，27（2）：339-346.

[134] 刘启方．基于运动学和动力学震源模型的近断层地震动研究［D］．哈尔滨：中国地震局工程力学研究所，2005.

[135] 陈化然．强震成组活动及其相互影响的数值模拟研究［D］．北京：中国地震局地球物理研究所，2003.

[136] 万永革，吴忠良，周公威，等．地震应力触发研究［J］．地震学报，2002，24（5）：533-551.

[137] 韩竹军，谢富仁，万永革．断层间相互作用与地震触发机制的研究进展［J］．中国地震，2003，19（1）：67-76.

[138] 刘桂萍．地震活动不均匀性及地震断层相互作用的力学机制研究［D］．北京：中国地震局地球物理研究所，2000.

[139] 赵根模，姚兰予，马淑芹．断层位错引起的应力场变动与地震危险性预测．地震学报，1994，16（4）：448-454.

[140] 崔效锋，谢富仁．利用震源机制解对中国西南及邻区进行应力分区的初步研究［J］．地震学报，1999，21（5）：513-552.

[141] Byerlee D J. Friction of Rocks. Pure and Appl Geophys. 1978，116：616-626.

[142] 庄昆元，刘文龙．构造地震的局部内应力源模式［J］．地震学报，1980，2（4）：405-412.

[143] 陈化然，徐锡伟，赵国敏，等．断层相互作用与地震活动［M］．北京：科学出版社，2005.

[144] 石耀霖．关于应力触发和应力影概念在地震预报中应用的一些思考［J］．地震，2001，21（3）：1-7.

[145] 徐晶，邵志刚，张浪平，等．断层面上库仑破裂应力变化的相关研究进展［J］．地球物理学进展，2013，01：132-145.

[146] 刘方斌，王爱国，冀战波．库仑应力变化及其在地震学中的应用研究进展［J］．地震工程学报，2013，03：647-655.

[147] 柴军瑞．岩土体多相介质多场耦合作用与工程灾变动力学研究简述［A］．中国岩石力学与工程学会．第八次全国岩石力学与工程学术大会论文集［C］．中国岩石力学与工程学会，2004：4.

[148] 施斌．论工程地质中的场及其多场耦合［J］．工程地质学报，2013，05：673-680.

[149] Arno Zang，Ove Stephansson．地壳应力场［M］．北京：地震出版社，2013.

[150] 安欧．构造应力场［M］．北京：地震出版社，1992

[151] 蔡美峰，何满朝，刘东燕．岩石力学与工程［M］．北京：科学出版社，2007.

[152] 陆坤权，曹则贤，厚美瑛，等．论地震发生机制［J］．物理学报，2014，21：452-474.

[153] 鲁岩．构造应力影响下的围岩稳定性原理及其控制研究［D］．博士学位论文，中国矿业大学，2008.

[154] 肖同强．深部构造应力作用下厚煤层巷道围岩稳定与控制研究［D］．博士学位论文，中国矿业大学，2011.

[155] 朱伟．徐州矿区深部地应力测量及分布规律研究［D］．山东科技大学，2007.

[156] 杨树新，王建军．山东鲍店煤矿原始地应力场数值模拟及其与采区稳定性关系的研究［J］．地壳构造与地壳应力文集，2000，（13）：138-147.

[157] 梁继新．东滩煤矿三采区地应力测量及应力场分析［D］．青岛：山东科技大学，2005.

[158] 张志镇，高峰．单轴压缩下红砂岩能量演化试验研究［J］．岩石力学与工程学报，2012，31（5）：953-962.

[159] 宋大钊．冲击地压演化过程及能量耗散特征研究［D］．北京：中国矿业大学，2012.

[160] 陈卫忠，吕森鹏，郭小红，等．基于能量原理的卸围压试验与岩爆判据研究［J］．岩石力学与工程学报，2009，28（8）：1530-1540.

[161] 潘岳，王志强．岩体动力失稳的功能增量——突变理论研究方法［J］．岩石力学与工程学报，2004，23（9）：1433-1438.

[162] 徐嘉谟，李晓，韩贝传．成岩地质体的初始应变能状态及其对开挖引起位移场的影响［J］．岩石力学与工程学报，2006，25（12）：2467-2454.

[163] 徐嘉谟，陈月娥．"记忆"材料固化压力的模型边坡变形［J］．中国学术期刊文摘，1998，4（9）：1158-1159.

[164] RIFKIN J，HOWARD T．熵：一种新的世界观［M］．吕明，袁舟译．上海：上海译文出版社，1987.

[165] SHANNON C E . A mathematical theory of communication . Bell Sys Tech J, 1948, 27：379-433.

[166] JAYNES E T. Information theory and statistical mechanics. Phys Rev, 1957, 106 (4)：620 -630.

[167] 张显 . 热力学熵概念的再思考 [J] . 绍兴文理学院学报（自然科学），2010，02：40-42＋57.

[168] 邢修三 . 物理熵、信息熵及其演化方程 [J] . 中国科学，2011，31 (1)：77-84.

[169] 许传华，任青文，李瑞 . 围岩稳定的熵突变理论研究 [J] . 岩石力学与工程学报，2004，12：1992-1995.

[170] 张晓君，靖洪文 . 基于应力场熵的岩石系统状态演化分析 [J] . 矿冶工程，2009，05：20-23＋28.

[171] 张我华，王军，孙林柱，等 . 灾害系统与灾变动力学 [M] . 北京：科学出版社，2011.

[172] 姚志贤 . 扰动引发矿震机理的实验研究 [D] . 北京：北京科技大学，2007.

[173] 孔凡标 . 载荷岩体动力学响应特性试验研究 [D] . 北京：北京科技大学，2008.

[174] 尹祥础 . 地震预测新途径的探索 [J] . 中国地震，1987，3 (1)：1-7.

[175] 尹祥础，尹灿 . 非线性系统的失稳前兆与地震预报——响应比理论及其应用 [J] . 中国科学（B 辑），1991，21 (5)：512-518.

[176] YIN X C, CHEN X Z, SONG Z P. The load/unload responseratio (LURR) theory and its application to earthquake prediction [J] . Journal of Earthquake Prediction Research, 1994, 3 (3)：326-333.

[177] 侯昭飞 . 玲珑金矿冲击倾向岩石声发射特征及冲击危险性试验研究 [D] . 北京：北京科技大学，2011.

[178] 郑建业，葛修润，孙红 . 扰动状态理论在岩土力学问题中的应用 [J] . 岩石力学与工程学报，2006，S2：3456-3462.

[179] 赵毅鑫，姜耀东，张科学，等 . 基于扰动状态理论的回采巷道稳定性分析 [J] . 中国矿业大学学报，2014，02：233-240.

[180] 郑建业，葛修润，孙红 . 基于扰动状态理论的大理岩三轴受压响应描述 [J] . 上海交通大学学报，2008，06：949-952.

[181] 吴刚 . 工程材料的扰动状态本构模型（Ⅰ）——扰动状态概念及其理论基础 [J] . 岩石力学与工程学报，2002，06：759-765.

[182] 王金安，刘航，李铁 . 临近断层开采动力危险区划分数值模拟研究 [J] . 岩石力学与工程学报，2007，26 (1)：28-35.

[183] 陈长臻 . 基于地应力场测量的开采设计优化与动力灾害控制研究 [D] . 北京：北京科技大学，2009.

[184] 李伟 . 鲍店煤矿动力灾害诱发机理与防控对策研究 [D] . 北京：北京科技大学，2009.

[185] 曹辉 . 邻近断层开采扰动效应及其致灾机理研究 [D] . 北京：北京科技大学，2007.

[186] 李夕兵，姚金蕊，宫凤强 . 硬岩金属矿山深部开采中的动力学问题 [J] . 中国有色金属学报，2010，21 (10)：2551-2563.

[187] 顾金才，范俊奇，孔福等 . 抛掷型岩爆机制与模拟试验技术 [J] . 岩石力学与工程学

报，2014，33（6）：1081-1089.

[188] 陈运泰 顾浩鼎．震源理论［M］．中国科学技术大学出版社，1990.

[189] 胥广银．潜在震源三维空间模型及其在地震危险性概率分析中的应用研究［D］．中国地震局地球物理研究所，2003.

[190] 王绳祖，施良骐，张流．环境刚度效应——影响震源应力降的重要因素［J］．地震地质，1983，03：17-27.

[191] 卫修君，林柏泉，张建国，等．煤岩瓦斯动力灾害发生机理及综合治理技术［M］．北京：科学出版社，2009

[192] 尚嘉兰，沈乐天，赵坚．粗粒花岗闪长岩中应力波的传播衰减规律［J］．岩石力学与工程学报，2001，02：212-215.

[193] 王观石，李长洪，胡世丽．岩体中应力波幅值随时空衰减的关系［J］．岩土力学，2010，11：3487-3492.

[194] 朱传镇．有关震源体积的理论［J］．地球物理学报，1963，02：203-210.

[195] 王培德，吴大铭，陈运泰．地震矩、震级、震源尺度及应力降之间相互关系的研究［J］．地壳形变与地震，1988，02：109-123.

[196] 华卫．中小地震震源参数定标关系研究［D］．中国地震局地球物理研究所，2007.

[197] 谢原定，杨天锡．震源区内一些宏观现象的讨论——烈度分布与震源体积的关系［J］．西北地震学报，1980，03：57-65.

[198] 张少杰．多尺度地质体建模方法与工程应用研究［D］．北京：北京科技大学，2013

[199] 邱泽华．关于用密集钻孔应变台网监测强震前兆的若干问题［J］．地震学报，2014，04：738-749.

[200] 刘根深，曾佐勋，王杰，等．岷县地震（M_S6.6）指纹法临震预测［J］．地学前缘，2013，06：156-161.

[201] 牛安福，张凌空，闫伟．中国钻孔应变观测能力及在地震预报中的应用［J］．大地测量与地球动力学，2011，02：48-52.

[202] 张凌空，牛安福，吴利军．地壳应变场观测中体应变与面应变转换系数的计算［J］．地震学报，2012，04：476-486.

[203] 丁鉴海，余素荣，肖武军．地震前兆与短临预报探索［J］．地震，2003，03：43-50.

[204] 孙威．破坏性地震是可以预测的——孕震物理模型及临震信号［J］．中国工程科学，2007，07：7-16.

[205] 赵福垚．岩爆灾源识别与一种新的风险评估体系［D］．北京科技大学，2011.

[206] 向鹏．深部高应力矿床岩体开采扰动响应特征研究［D］．北京科技大学，2015.

[207] MATSUKI K, HONGO K, SAKAGUCHI K. A tensile principal stress analysis for estimating three-dimensional in-situ stresses from core disking. In：Proceedings of the international symposium on rock stress, Kuma-moto, Japan, Balkema, Rotterdam 1997；p. 343-348.

[208] BANKWITZ P, BANKWITZ E. Fractographic features on joints in KTB drill cores as indicators of the contemporary stress orientation. Geol Rundsch 1997（Suppl）：S34-44.

[209] LI Y, Schmitt D R. Effects of Poisson's ratio and core stub length on bottomhole stress concentrations. Int J Rock Mech Min Sci 1997；34：761-773.

［210］LI Y, SCHMITT D. Drilling-induced core fractures and in situ stress. J GeophysRes 1998; 103: 5225-5239.

［211］SONG I, HAIMSON B C. Core disking in Westerly granite and its potential use for in situ stress estimation. In: Amadei B, Kranz RL, Scott GA, Smeallie PH, editors. Proceedings of 37st U. S. rock mechanics symposium, Colorado, vol. 2. Rotterdam: A. A. Balkema; 1999. p. 1173-1180.

［212］HAKALA M. Numerical study of the core disk fracturing and interpretation of the in situ state of stress. In: Vouille G, Berest P, editors. Ninth congress of international society for rock mechanics Paris, vol. 2. Rotterdam: A. A. Balkema; 1999. p. 1149-1153.

［213］MATSUKI K, KAGA N, YOKOYAMA T, TSUDA N. Determination of three dimensional in situ stress from core discing based on analysis of principal tensile stress. Int J Rock Mech Min Sci 2004; 41: 1167-1190. K.

［214］KAGA N, MATSUKI K, Sakaguchi K. The in situ stress states associated with core discing estimated by analysis of principal tensile stress. Int J Rock Mech Min Sci 2003; 40: 653-665.

［215］KANG S, Ishiguro Y, Obara Y. Evaluation of core discing rock stress and tensile strength via the compact conical-ended borehole overcoring technique. Int J Rock Mech Min Sci 2006; 43: 1226-1240.

［216］CORTHESY, R, LEITE M H, A strain-softening numerical model of core disking and damage, Int. J. Rock Mech. Min. 2008, 45 (3): 329-350.

［217］LIM S S, MARTIN C D. Core disking and its relationship with stress magnitude for Lac du Bonnet granite [J]. International Journal of Rock Mechanics and Mining Sciences, 2010, 47 (2): 255-264.

［218］马天辉, 王龙, 徐涛, 等. 岩芯饼化机制及应力分析 [J]. 东北大学学报（自然科学版）, 2016, 37 (10): 1491-1495.

［219］姜谙男, 曾正文, 唐春安. 岩芯成饼单元安全度三维数值试验及地应力反馈分析 [J]. 岩石力学与工程学报, 2010, 29 (8): 1610-1617.

［220］李树森, 聂德新, 任光明. 岩芯饼裂机制及其对工程地质特性影响的分析 [J]. 地球科学进展, 2004, 19 (增 1): 376-379.

［221］李占海, 李邵军, 冯夏庭, 等. 深部岩体岩芯饼化特征分析与形成机制研究 [J]. 岩石力学与工程学报, 2011, 30 (11): 2255-2266.

［222］张宏伟, 荣海, 韩军, 等. 基于应力及能量条件的岩芯饼化机理研究 [J]. 应用力学学报, 2014, 31 (04): 512-517+3.

［223］张振亚. 脆性材料中动态裂纹传播问题的研究 [D]. 宁波: 宁波大学, 2013.

［224］范鹏贤, 王明洋, 岳松林, 等. 应变型岩爆的孕育规律和预报防治方法 [J]. 武汉理工大学学报, 2013, 35 (04): 96-101.

［225］周风华, 王礼立. 脆性固体中内聚断裂点阵列的扩张行为及间隔影响 [J]. 力学学报, 2010, 42 (04): 691-701.

［226］周风华, 郭丽娜, 王礼立. 脆性固体碎裂过程中的最快卸载特性 [J]. 固体力学学报, 2010, 31 (3): 286-295.

[227] 郑宇轩，周风华，余同希. 动态碎裂过程中的最快速卸载现象 [J]. 中国科学：技术科

[228] 冯增朝，赵阳升. 岩石非均质性与冲击倾向的相关规律研究 [J]. 岩石力学与工程学报，2003，22（11）：1863-1865.

[229] KUMAR A. The effect of stress rate and temperature on the strength of basalt and granite. Geophysics，1968，33（3）：501-510.

[230] 范勇，卢文波，严鹏，等. 地下洞室开挖过程围岩应变能调整力学机制 [J]. 岩土力学，2013，34（12）：3580-3586.

[231] MIKLOWITZ J. Plane-stress unloading waves emanating from a suddenly punched hole in a stretched elastic plate [J]. Jounal of Applied Mechanics，1960，27：166-171.

[232] 杨建华，卢文波，陈明. 深部岩体应力瞬态释放激发微地震机制与识别 [J]. 地震学报，2012，34（5）：581-592.

[233] CARTER J P, BOOKER J R. Sudden excavation of a long circular tunnel in elastic ground. International Journal of Rock Mechanics and Mining Sciences and Geomechanics Abstracts，1990，27（2）：129-132.

[234] 洪亮. 冲击荷载下岩石强度及破碎能耗特征的尺寸效应研究 [D]. 长沙：中南大学，2008：111-118.

[235] 安镇文、姚栋华、王琳瑛，等. 描述大地震孕育过程的几种度量方法的探讨 [J]. 地震地磁观测与研究，1993，3：1-6.